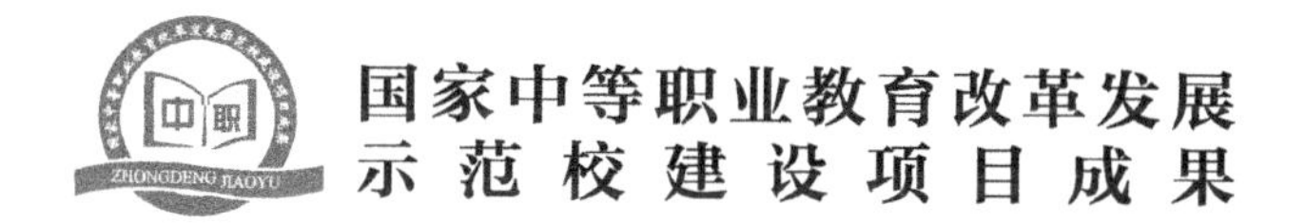

电子技术应用专业人才培养方案与课程标准

dianzi jishu yingyong zhuanye rencai peiyang fang'an yu kecheng biaozhun

郭雄艺 关景新 梁国均◎编著

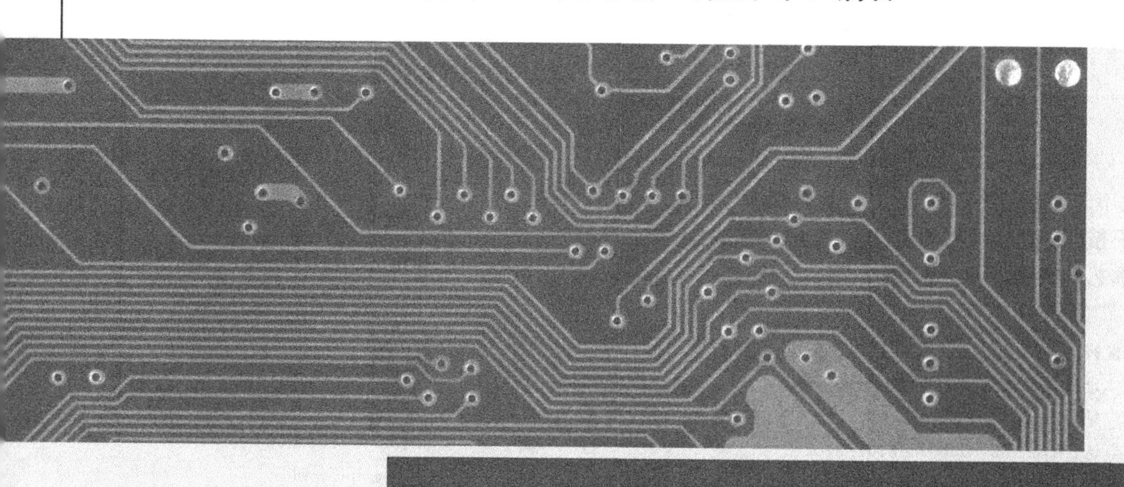

知识产权出版社
全国百佳图书出版单位

责任编辑：石陇辉　　　　责任校对：董志英
封面设计：刘　伟　　　　责任出版：孙婷婷

图书在版编目（CIP）数据

电子技术应用专业人才培养方案与课程标准/郭雄艺，关景新，梁国均编著．—北京：知识产权出版社，2016.6

国家中等职业教育改革发展示范校建设项目成果

ISBN 978-7-5130-2204-0

Ⅰ.①电…　Ⅱ.①郭…②关…③梁…　Ⅲ.①电子技术—人才培养—中等专业学校—教学参考资料②电子技术—课程标准—中等专业学校—教学参考资料　Ⅳ.①TN

中国版本图书馆CIP数据核字（2013）第178896号

国家中等职业教育改革发展示范校建设项目成果

电子技术应用专业人才培养方案与课程标准

郭雄艺　关景新　梁国均　编著

出版发行：知识产权出版社有限责任公司

社　　址：北京市海淀区西外太平庄55号　　**邮　　编：**100081

网　　址：http://www.ipph.cn　　**邮　　箱：**bjb@cnipr.com

发行电话：010-82000860转8101/8102　　**传　　真：**010-82005070/82000893

责编电话：010-82000860转8175　　**责编邮箱：**shilonghui@cnipr.com

印　　刷：北京中献拓方科技发展有限公司　　**经　　销：**新华书店及相关销售网点

开　　本：787mm×1092mm　1/16　　**印　　张：**6.5

版　　次：2016年6月第1版　　**印　　次：**2016年6月第1次印刷

字　　数：114千字　　**定　　价：**24.00元

ISBN 978-7-5130-2204-0

前　言

珠海市高级技工学校作为首批276所“国家中等职业教育改革发展示范学校”立项建设院校之一，从2011年7月开始，启动了以数控技术应用、电子技术应用、计算机网络技术和电气自动化设备安装与维修四个专业基于人才培养模式与课程体系改革、师资队伍建设和校企合作及工学结合运行机制建设的重点专业建设。近一年来，各重点建设专业的教师认真学习领会“教职成〔2010〕9号”“教职成〔2011〕7号”“教职成〔2011〕167号”《国家中长期教育改革和发展规划纲要（2010—2020年）》《国家高技能人才振兴计划实施方案》以及《珠江三角洲地区改革发展规划纲要（2008—2020年）》等文件精神，借鉴国内外先进的人才培养模式、课程改革理论和实践经验，积极探索工学结合、校企合作、顶岗实习的人才培养模式与课程体系改革。虽然改革过程颇为艰难，但令人欣慰的是，各重点建设专业基本完成了既定目标，初步形成符合职业教育规律、具有本专业特色的工学结合、校企合作、顶岗实习的人才培养模式和课程体系，并在教学实施过程中初步探索了与之相适应的教学模式和教学方法，取得了较为明显的效果。

本书包括了我校电子技术应用专业的人才培养方案和课程标准，它是重点建设专业人才培养模式与课程体系改革的成果之一，也是我校国家中等职业教育改革发展示范学校建设项目的重要成果之一，希望以此能为我校的专业建设起到引领和示范作用，为中等职业学校的课程改革提供借鉴。成果中充分体现工学结合、校企合作、顶岗实习的人才培养模式，体现以工作任务为引领、“学中做，做中学”和“学习的内容是工作，通过工作实现学习”的工学结合课程理念，强化了对学生综合职业能力的培养。

本书得到了广州番禺职业技术学院、深圳职业技术学院有关专家无私的支持、指导和帮助，我校领导和相关职能部门给予了大力支持和帮助，在此一并致以最诚挚的谢意。

由于时间仓促，作者水平有限，加之改革处于探索阶段，书中难免有不足之处，敬请专家、同仁给予批评指正，为我们后续的改革和探索提供宝贵的意见和建议。

目　录

第一部分　电子技术应用专业人才培养方案

第二部分　电子技术应用专业课程标准

第一部分
电子技术应用专业
人才培养方案

电子技术应用专业人才培养方案

一、专业名称与代码

专业名称：电子技术应用专业（音像电子设备应用与维修方向）。
专业代码：0210－4。

二、教育类型与培养层次

教育类型：中等职业教育。
培养层次：中级技工。

三、招生对象

初中毕业生。

四、标准学制

全日制三年。

五、培养目标和职业范围

（一）培养目标

本专业培养面向通信设备、广播电视设备、家用视听设备、电子计算机、电子元器件等企业生产制造和售后服务一线的技能型人才。毕业生应熟悉该类企业生产流程和售后服务流程，按照生产制造工艺和售后服务作业规范，能胜任电子产品生产组装、电子设备安装调试及维护保养等常规工作，以及适应经济社会发展与建设需要，德、智、体、美全面发展，有良好的职业道德。

（二）职业范围

根据中等职业教育的要求，遵循为生产、服务第一线培养技能型人才的宗旨，本专业培养的毕业生能够完成电子产品的装配、调试、检测、维修、维护和售后服务等实际操作流程，胜任以下几种工作。

（1）了解企业生产流程，并能按照生产工艺作业规范完成电子装配的操作。

（2）了解企业运营流程，并能按照产品说明书和工程作业规范完成电子设备安装与调试的技术支持售后服务。

（3）了解企业电子产品制作流程，完成电子产品辅助制作和简单故障维修。

（4）了解企业运营流程，完成电子产品的质量检测与维护的售后服务。

六、毕业资格与要求

（一）课程考试（考核）要求

在规定年限内完成学校教学要求的课程，考试（考核）成绩合格。

（二）计算机能力要求

通过广东省人力资源与社会保障厅组织的办公软件技能考试，获得计算机操作员（四级）职业资格证书。

（三）专业职业资格证书

获得家用电子产品维修工四级职业资格证书。

七、人才培养规格

（一）专业能力

（1）具备常用元器件的识别、测量、选用能力；

（2）具备常用电子仪表、仪器、工具的使用能力；

（3）熟练使用手工焊接工具，具备手工焊接、拆焊的能力；

（4）具备电子装配、制作能力；

（5）掌握利用电路基本理论分析、调试、维修简单电路的能力；

（6）具备基本的质量管理能力；

（7）掌握电子行业的职业规范，具有质量第一的观念、安全生产和分工协作的团队意识及严谨细致的工作作风；

（8）掌握安全生产的操作规程。

（二）方法能力

（1）具有较好的新技能、新知识学习能力；

（2）具有较好的解决问题、制订工作计划的能力；

（3）具有利用网络、文献、专业手册等资源获取有用信息的能力。

（三）社会能力

（1）具有良好的思想政治素质、行为规范和职业道德；

（2）具有较强的计划组织协调能力、团队协作能力；

（3）具有较强的口头与书面表达能力、人际沟通能力；

（4）情绪稳定，有一定忍耐力；

（5）有责任心，能认真负责地完成各项任务。

八、基于工作过程的课程体系设计

传统的课程体系是由大量的学科课程构成的，而且它强调的是学科课程的知识系统性，这对职业教育来讲存在很多不足：一是没有形成符合现代技工教育的人才培养目标所需的课程体系；二是教学内容陈旧；三是教学方法落后。所以传统的课程体系必须改革。

如图1所示，通过校企合作，会同企业专家进行行动领域分析，剖析电子类岗位的工作任务与工作内容，遴选岗位的典型工作任务，根据典型工作任务逆向反推，分析完成岗位典型工作任务所需要的能力，以及培养该能力所需的知识、技能、素质，归纳转换为学习领域（如图2所示），提炼出典型工作任务（如表1所示）。这样就构建了基于职业分析和工作过程的课程体系，如图3所示。

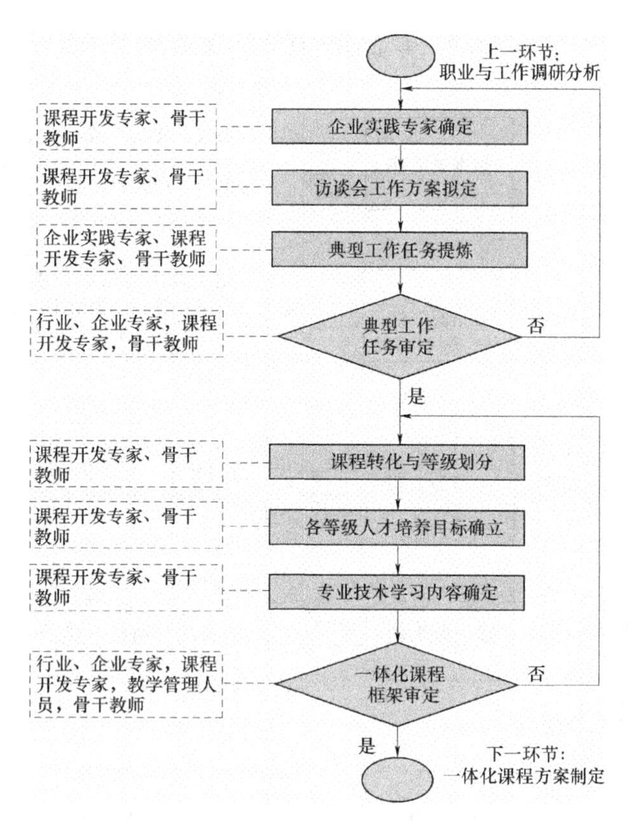

图1　一体化课程体系开发过程

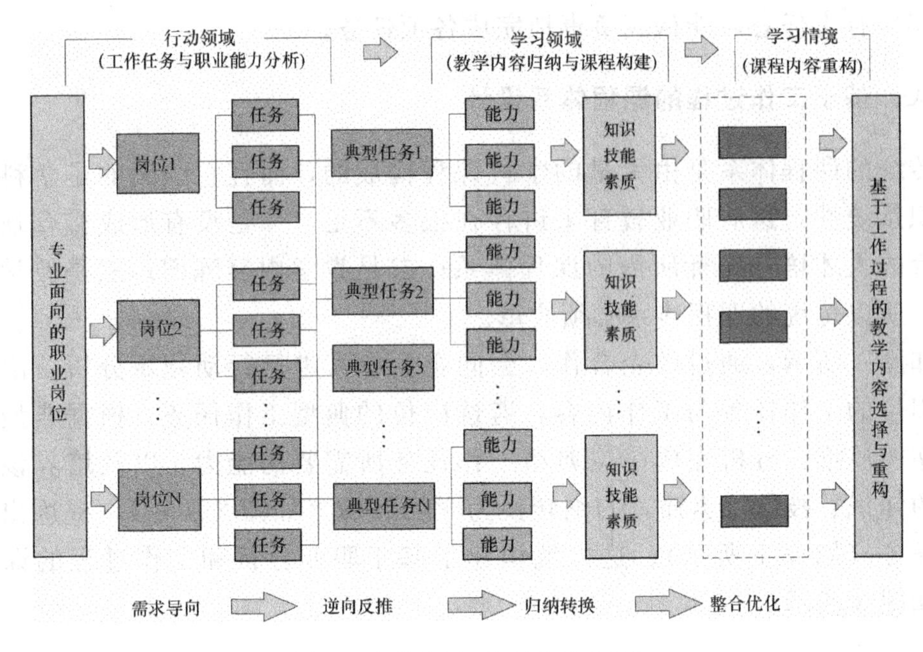

图 2　专业课程体系构建路径

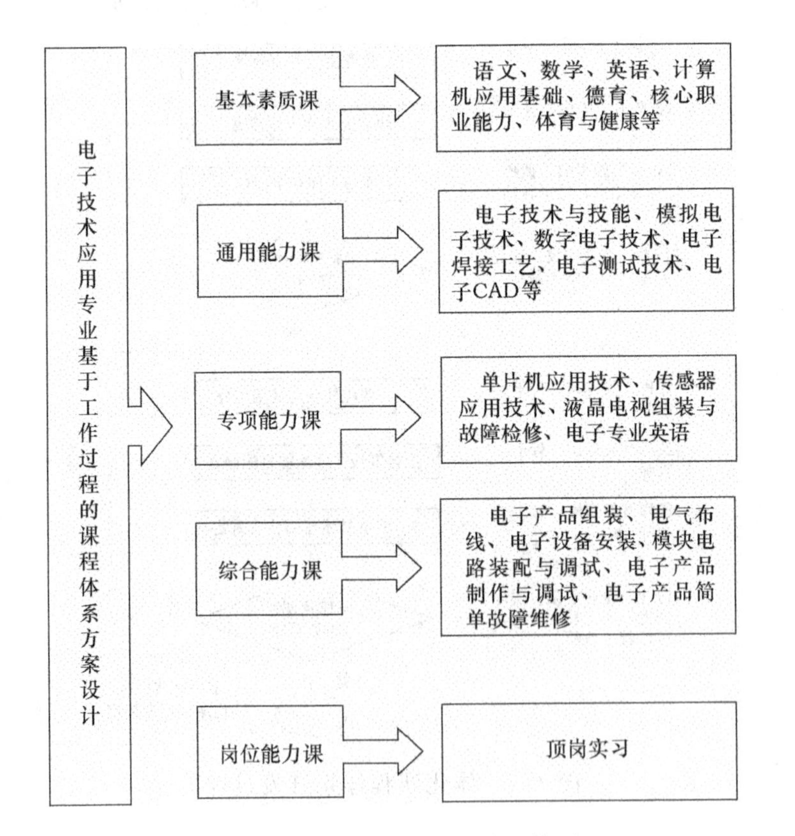

图 3　基于工作过程的课程体系

表 1

典型工作任务框架表（中级工层次）

	中级工阶段					
	第一学期		第二学期	第三学期		第四学期
人才培养目标	培养面向通信设备、广播电视设备、家用视听设备、电子计算机、电子元器件等企业生产制造和售后服务一线的技能型人才。毕业生应熟悉该类企业生产流程和售后服务流程，按照生产制造工艺和售后服务作业规范，能胜任电子产品生产组装、电子设备安装调试及维护保养等常规工作					
典型工作任务	电子产品组装	电气布线	电子设备安装	模块电路装配与调试	电子产品制作与调试	电子产品简单故障维修
综合职业能力要求	（1）能独立阅读工作任务单，明确工时、工艺要求和人员分工，叙述个人任务要求 （2）能根据任务要求，列举所需工具和材料清单，准备工具，领取材料 （3）能根据作业规程应用必要的标识、隔离、防静电措施，准备现场工作环境 （4）能使用维护和保养常用组装工具，如：螺钉旋具、尖嘴钳、斜口钳、包线钳、镊子等 （5）能根据任务要求，识别电路硬件模块的规格与性能参数 （6）能根据任务要求，进行导线加工和焊接	（1）独立阅读工作任务单，明确工时、工艺要求和人员分工，叙述个人任务要求 （2）通过施工现场勘察，识读施工图样，描述施工现场特征，制订工作计划 （3）根据任务要求和施工图样，列举所需工具和材料清单，准备工具，领取材料 （4）使用冲击钻等工具，明确紧固孔径大小及孔深，加工紧固位置 （5）明确线路的距离，预算线槽、线管的长度，使用相关工具，根据接驳方法对线槽、线管接驳处进行成型	（1）能描述被安装电子设备的功能、工时、数量，列举工作任务的技术要求（外观、牢固度等），明确项目任务和个人任务要求，服从工作安排 （2）能描述被安装电子设备的基本结构和基本工作原理，能识读配电线路、通信线路等的接线图、安装图等，描绘出安装位置，确保正确连接线路 （3）能判别外围设备的适用性及被安装电子设备的好坏，核查并列举其型号与规格是否符合任务书（客户）要求 （4）能按图样、工艺要求、设备要求和安全规范，正确使用工具进行安装	（1）根据任务书的要求，认真识读电路原理图、装配图、PCB 图，查《电子元器件手册》等资料，并能核对元器件清单 （2）能与工作小组成员进行有效沟通，共同制订电路板装配计划 （3）能根据工艺文件要求，制订电路板装配和调试方案 （4）能根据工作要求准备装调工具、仪器仪表和辅助材料 （5）能判别元器件与清单中的元器件型号和规格是否相符，并能用万用表检测质量好坏和极性	（1）根据任务书的要求，认真识读电路原理图、装配图、PCB 图，查《电子元器件手册》等资料，并能列出元器件清单 （2）能与工作小组成员进行有效沟通，共同制订电子产品制作与调试计划 （3）能独立根据工艺文件要求，制订电子产品制作和调试方案 （4）能根据工作要求准备装调工具、仪器仪表和辅助材料 （5）能判别元器件与清单中的元器件型号和规格是否相符，并能用万用表检测质量好坏和极性	（1）根据任务书的要求，认真查找、识读电路原理图、PCB 图，查阅《电子元器件手册》等资料，并能简单列出功能结构方框图 （2）依据产品功能结构方框图及接口连接关系，按单元、模块和整机逐级进行检测，并确认其是否能实现功能 （3）能与工作小组成员及客户进行有效沟通，共同制订电子产品维修计划 （4）能按照电子产品的通用检修方法，根据电子产品的故障现象独立分析、检测，判断故障原因并修复

续表

	中级工阶段					
	第一学期		第二学期	第三学期		第四学期
综合职业能力要求	（7）能根据任务要求和接口定义，进行电子产品内部模块间连接 （8）能根据任务要求完工后进行自检 （9）能正确标注有关信息的铭牌标签 （10）能正确填写任务单的验收项目，并交付验收 （11）工作任务完成后，按生产现场管理6S标准归置物品，整理现场，关闭工作台和现场电源	（6）准备胶钉、自攻螺钉等材料，明确安装工具，紧固线槽、线管、灯具等 （7）准备线材，明确线路走向并进行敷设 （8）使用螺钉旋具等工具，明确线路与灯座连接的方法（如绕线法等），完成连接，并使用工具进行自检 （9）使用线路检测仪，检测连通性并进行上电前自检 （10）上电测试，使用相关检测工具，检查功能完整性 （11）按作业规程，作业完毕后能清点工具、人员，收集剩余材料，清理工程垃圾，拆除防护措施 （12）正确填写任务单的验收项目，交付验收	（5）能用仪表进行测试检查，验证电子设备安装的正确性，并能修正装接的错误点 （6）能按照安全操作规程正确通电试机 （7）能按照电子设备的产品说明书，列举功能、性能是否符合要求，并进行调试 （8）能正确填写验收表格，并签字确认 （9）能自觉清理场地，归置物品	（6）能按照PCB图、工艺文件要求和电子作业安全规范完成各元器件的安装和焊接 （7）能使用万用表、示波器等仪器仪表进行电路板功能检测 （8）工作任务完成后，按生产现场管理6S标准归置物品，清理垃圾并整理现场，关闭工作台和现场电源	（6）能按照PCB图、工艺文件要求和电子作业安全规范完成各元器件的安装和焊接 （7）能依据原理图中各元器件电气连接关系，按单元、模块和整机逐级进行检测和调试，并确认其是否能实现功能 （8）能按任务书中验收项目要求进行独立进行自检，判断其是否满足工艺和质量标准要求 （9）工作任务完成后，按生产现场管理6S标准归置物品，清理工程垃圾并整理现场，关闭工作台和现场电源	（5）能按照模块替换法的思维，利用各类产品相应的通用板进行置换维修 （6）能根据工作要求准备材料、工具、仪器仪表 （7）能按任务书中验收项目要求独立进行自检，判断其是否满足电子产品的相关技术要求 （8）产品维修后，能主动对客户讲解电子产品正确使用、维护、保养的知识 （9）工作任务完成后，按生产现场6S管理标准归置物品，清理工作垃圾并整理现场
一体化课程名称	课程1："电子产品组装"	课程2："电气布线"	课程3："电子设备安装"	课程4："模块电路装配与调试"	课程5："电子产品制作与调试"	课程6："电子产品简单故障维修"

续表

	中级工阶段					
	第一学期		第二学期	第三学期		第四学期
专业技术学习内容	（1）生产现场管理6S标准 （2）电烙铁、尖嘴钳、斜口钳等电子装配工具的使用 （3）万用表、毫伏表、示波器等电子仪器仪表的使用 （4）电子产品装配时隔离、防静电措施 （5）配料与领料流程 （6）电子产品原理结构框图识读 （7）电子产品接口类型 （8）电子产品内部模块间接线技术 （9）电子产品内部配电线路连接技术	（1）安全用电的基本操作规程 （2）触电方式与急救方法 （3）配电线路的相关简单知识 （4）导线连接与绝缘恢复方法 （5）线路敷设技巧 （6）选取恰当的工具进行规范的施工操作 （7）电线接驳的技巧 （8）物料选取的技巧 （9）施工图的识读技巧 （10）常用电气仪表与工具的使用方法	（1）常用电子工具和仪表的使用 （2）导线（通信电缆）连接和绝缘的恢复 （3）线路的敷设 （4）安装工具的使用 （5）资料的查阅 （6）导线的选择选用 （7）通信电缆的选用 （8）登高作业的注意事项 （9）静电的防护 （10）安全自检后上电测试 （11）设备的调试 （12）设备现场的整理	（1）电烙铁、吸锡器、镊子等常用装配工具的使用 （2）万用表、示波器等电子仪器仪表的使用 （3）电阻器、电容器、二极管等常用元器件及各集成模块的规格、型号、极性及质量的检测方法 （4）元件预处理方法和插装工艺 （5）通孔元器件安装及焊接工艺和标准 （6）功率放大电路、集成运输放大电路和555电路等基本功能和应用 （7）电压、电流、频率等电气性能参数的检测和调试方法 （8）常用电子CAD软件的安装及使用 （9）生产现场管理6S标准	（1）生产现场管理6S标准 （2）电烙铁、尖嘴钳、斜口钳等电子装配工具的选用及维护 （3）万用表、毫伏表、示波器等电子仪器仪表的使用 （4）电子产品整流电路、放大电路等原理和PCB图、方框图的识读 （5）基本逻辑门电路、常见组合及时序逻辑电路的电路结构组成及工作原理 （6）单向可控硅、驻极体话筒、光敏电阻等特殊元器件的规格、型号和检测 （7）NE555定时器、CD4011等集成电路的引脚功能、内部结构和检测方法 （8）通孔或贴片元器件安装及浸焊接工艺和标准	（1）生产现场6S管理标准 （2）电子产品通用检修方法 （3）电子产品相关技术资料的查找方法 （4）电子产品的拆装方法 （5）电子产品的工作原理分析 （6）通孔和贴片元器件焊接及拆焊工艺和标准 （7）电子产品日常使用、维护、保养的知识 （8）电子产品的电压、电流、频率等电气性能参数的检测和调试方法

续表

	中级工阶段					
	第一学期		第二学期	第三学期		第四学期
专业技术学习内容					（9）电子产品的电压、电流、频率等电气性能参数的检测和调试方法 （10）PCB的设计、制作工艺和方法 （11）EWB电子电路原理图的绘制和仿真测试 （12）工艺文件的识读以及工艺卡片的填写	
基准学时	110	99	380	136	204	380
实训学时	110	99	380	136	204	380
可选择的学习任务	学习任务1.1 万用表的装配	学习任务2.1 单联单控线路安装	学习任务3.1 有线扩音系统的安装与调试	学习任务4.1 OTL功率放大器的装配与调试	学习任务5.1 快速充电器的制作与测试	学习任务6.1 电风扇简单故障维修
	学习任务1.2 计算机主机的组装	学习任务2.2 双联双控线路安装	学习任务3.2 导游无线扩音系统的安装与调试	学习任务4.2 电压比较器组成报警器电路的装配与调试	学习任务5.2 声光控延时开关的制作与调试	学习任务6.2 饮水机简单故障维修
	学习任务1.3 DVD整机组装	学习任务2.3 客厅线路安装	学习任务3.3 组合音响的安装与调试	学习任务4.3 正弦波发生器装配与调试	学习任务5.3 简易电动车防盗报警器的制作与调试	学习任务6.3 通信终端简单故障维修
	学习任务1.4 2.1声道有源音箱组装	学习任务2.4 套房线路安装	学习任务3.4 会议室简易语音系统的安装与调试	学习任务4.4 555芯片组成带定时的电子门铃电路装配与调试	学习任务5.4 四路彩色广告灯的制作与调试	学习任务6.4 液晶电视机简单故障维修

续表

	中级工阶段					
	第一学期		第二学期	第三学期		第四学期
可选择的学习任务			学习任务 3.5 壁挂式液晶电视安装与调试		学习任务 5.5 八路抢答器的制作与调试	
			学习任务 3.6 投影式视频系统的安装与调试		学习任务 5.6 数字电子钟的制作与调试	
			学习任务 3.7 会议室投影式语音系统的安装与调试			
			学习任务 3.8 烟雾监测、投影式 K 歌系统的安装与调试			
			学习任务 3.9 舞台灯光系统的安装与调试			

九、课程设置与主干课程描述

(一) 课程设置

根据人才培养规格，本专业开设基本素质、通用能力、专项能力、综合能力和岗位能力的课程。

基本素质课程：本类型课程是各专业学生必须学习的基础课程，重在培养学生的思想素质、文化素质及身心素质。这类课程包括语文、数学、英语、计算机应用基础、德育、核心职业能力、体育与健康，等等。

通用能力课程：本类课程是本专业学生必须学习的专业基础课程，重在培养学生的基本岗位能力。这类课程包括电子技术与技能、模拟电子技术、数字电子技术、电子焊接工艺、电子测试技术、电子CAD，等等。

专项能力课程：本类课程是本专业学生学习的专业基础核心课程，重在培养学生的单项岗位能力。这类课程包括单片机应用技术 、传感器应用技术、液晶电视组装与故障检修、电子专业英语。

综合能力课程：本类课程是本专业学生学习的专业主干课程，重在培养学生的综合岗位能力。这类课程包括电子产品组装、电气布线、电子设备安装、模块电路装配与调试、电子产品制作与调试、电子产品简单故障维修。

岗位能力课程：本类课程是本专业学生在企业的岗位实践，重在培养学生的实际岗位能力。

(二) 综合能力课程描述

1. 电子产品组装

参考学时：110

开设学期：第1学期

课程目标：学习电子产品的组装生产，掌握在生产流水线环境下完成板级器件、模块间、整机的连接与装配（插接、焊接），简单测试等岗位能力。

课程主要内容：主要学习电子产品原理结构框图、接口类型、内部模块间接线技术、内部配电线路连接技术等。

2. 电气布线

参考学时：99

开设学期：第1学期

课程目标：主要使学生了解电气的基本概念、基本原理和基本设计方法，重点掌握建筑电气的各项施工技术，培养学生分析问题、解决问题及工程施工的工艺和能力。

课程主要内容：主要包括供电系统施工技术、照明系统施工技术、动力系统施工技术、低压配电线路施工技术等。

3. 电子设备安装

参考学时：380

开设学期：第2学期

课程目标：学习电子设备安装工艺的基本内容和安装过程、安装技术的质量要求及检测方法、安装工程施工与管理的基本知识，使学生掌握电子设备安装、调试及验收的基本知识和岗位技能。

课程主要内容：主要学习电子设备安装工艺的基本内容和安装工艺过程、安装技术的质量要求及检测方法、安装工程施工与管理的基本知识与技能。

4. 模块电路装配与调试

参考学时：136

开设学期：第3学期

课程目标：通过本课程的学习，使学生掌握电子技术的基本概念、基本电路、基本分析方法，具备在电子企业熟练使用电子仪器识别和检测元器件，熟练调试、检测模块电路的能力。

课程主要内容：主要学习掌握二极管、晶体管、场效应晶体管等半导体器件的运用，基本放大电路的组成和应用，模拟电路的分析方法，负反馈放大电路的组态及判断，直流稳压电源的组成及工作原理。

5. 电子产品制作与调试

参考学时：204

开设学期：第3学期

课程目标：增进学生对电子工艺的感性认识，了解电子产品发展进程，熟悉电子产品的装配、生产制造工艺及过程，学习现代电子制造、传感器技术、机电控制技术等相关工程应用技术，获得安全用电、锡焊技术、电子元器件、PCB制作技术、电子产品装配技术、调试与检测技术等基础技能，全面提高学生的实践动手能力和分析能力。

课程主要内容：主要学习电子产品的装配、生产制造工艺及过程，学习现代电子制造、传感器技术、机电控制技术等相关工程应用技术，获得安全用电、锡焊技术、电子元器件、PCB制作技术、电子产品装配技术、调试与检测技术等基础技能。

6. 电子产品简单故障维修

参考学时：380

开设学期：第4学期

课程目标：让学生掌握电子产品的调试、维修技术，增强电子产品售后服务能力。

课程主要内容：主要学习生产现场6S管理标准，电子产品通用检修方法，电子产品相关技术资料的查找方法，电子产品的拆装方法，电子产品的工作原理分析，通孔和贴片元器件焊接及拆焊工艺和标准，电子产品日常使用、维护、保养的知识，电子产品的电压、电流、频率等电气性能参数的检测和调试方法。

(三) 顶岗实习安排

根据人才培养方案及教学安排要求，电子技术应用专业第三学年进入顶岗实习（岗位能力训练）。顶岗实习可以使学生更好地了解企业的组织结构及生产过程，熟悉生产流程和方法；将所学的知识技能和实际工作相结合并能在工作中应用，培养学生分析和解决实际问题的能力；树立良好的职业道德和团队精神，为职业生涯奠定基础。

顶岗实习的内容和组织形式在具体实施过程中分两种情况确定：第一，通过订单培养、双向选择，最终确定到就业单位顶岗实习的，根据就业单位对毕业生任用的考虑，由学校和就业单位协商安排；第二，学生实习单位与就业单位不是同一单位的，原则上要求实习单位按本专业顶岗实习计划进行安排。

十、教学进度安排（见表 2）

表 2　　**课程设置与教学进度安排表**

序号	课程类型	课程名称	课程代码	学时	学分	考核评价方式	周数	学期周课时分配								
								第一学年				第二学年				第三学年
								1		2		3		4		顶岗实习
								周节数	周数	周节数	周数	周节数	周数	周节数	周数	周数
1	基本素质课程	德育	E12G01	118	7	考查	59	2	9	2	10	2	20	2	20	
2		体育与健康	E12G02	120	7	考查	60		10		10	2	20	2	20	
3		语文	E12G03	38	2	考查	19	2	9	2	10					
4		英语	E12G04	40	3	考查	20		10		10					
5		计算机应用基础	E12G05	142	9	考试	19＋1	6＋28	19＋1							
6		数学	E12G06	78	5	考试	39	2	19	2	20					
7		新生适应性训练	E12P09	56	4	考查	2	28								
8		就业指导	E12T10	40	3	考查	20							2	20	
小计				672	43		239	12	20	6	20	4	20	6	20	
9	通用能力课程	电路技术	E12T01	59	4	考试	39	1	19	2	20					
10		电子焊接工艺	E12T02	59	4	考查	39	1	19	1	20	1	20			
11		模拟电子技术	E12T03	60	4	考试	40			1	20	2	20			
12		电子测试技术	E12T04	79	5	考查	79	1	19	1	20	1	20	1	20	
13		数字电子技术	E12T05	60	4	考试	40					1	20	2	20	

续表

序号	课程类型	课程名称	课程代码	学时	学分	考核评价方式	周数	学期周课时分配								
								第一学年				第二学年				第三学年
								1		2		3		4		顶岗实习
								周节数	周数	周节数	周数	周节数	周数	周节数	周数	周数
14	专项能力课程	单片机应用技术	E12T06	60	4	考试	40					2	20	1	20	
15		传感器应用技术	E12T07	40	3	考查	20					2	20			
16		液晶电视组装与故障检修	E12T08	60	4	考试	20							3	20	
17		专业英语	E12T09	40	3	考查	20					2	20			
18	综合能力课程	电子产品组装	E12A01	130	8	考试*	10	13	10							
19		电气布线	E12A02	117	7	考试*	9		9							
20		电子设备安装	E12A03	340	21	考试*	20			17	20					
21		模块电路装配与调试	E12A04	104	7	考试*	8					13	8			
22		电子产品制作与调试	E12A05	156	10	考试*	12						12			
23		电子产品简单故障维修	E12A06	300	19	考试*	20							15	20	
小计				1624	104		396	16	20	22	20	22	20	22	20	40
合计/周课时（周数）				2296	147		655	28	20	28	20	28	20	28＋2	20	

备注：1. 考核评价方式分考查、考试和考证，其中“考试*”意指该课程为一体化课程，以过程考核为主要考核形式；

2. 第5、6学期为顶岗实习和毕业实习时间，归入“岗位能力课”类型。

十一、考核与评价

（一）教学质量的总体评价

评价内容应包括社会、家长、学校三方对教学质量的整体评价。

（1）社会方面主要是企业对学生的认可度，主要包括对学生的实际工作技能、职业综合能力、职业道德、职业情感、学生的职业发展等方面的评价。

（2）家长方面主要评价学生在学习本课程后能否掌握一技之长、实现高质量就业，是否具有公民合格的法律与道德情操。

（3）学校方面主要评价本课程设置的合理性、学生操作的安全性、教学管理的规范性、教学内容的实用性、教学过程的科学性以及教师言行的示范性。

（二）教学质量的过程评价

1. 评价内容

因为专业能力、方法能力、社会能力整合后形成的综合职业能力是我们教学的总体目标，因此对学生的评价不仅重视专业能力学习目标，还重视包括道德品质、安全意识、学习愿望与方法能力、交流与合作等素质的一般性发展目标。每个项目教学的评价内容包括以下几点。

（1）项目任务完成成绩（60%）：本项成绩主要从项目完成质量方面对专业能力进行评价，包括理论知识掌握、项目原理分析、技能完成质量等，是学生职业能力的重要组成部分。

（2）项目操作工艺成绩（20%）：项目操作工艺包括工具的选择和使用、元器件的选择和应用、操作方法和步骤等；操作技能的水平是通过不断训练逐步提高的，把操作工艺和方法作为评价内容，既是为达成单项技能训练的目标服务，也是为形成职业技能、达成技能训练的总体目标服务。

（3）安全意识（10%）和文明生产（10%）成绩：安全意识是在日常的工作和训练过程中逐步形成的，把安全意识和文明生产作为评价内容，就是要引导学生在技能训练中时时刻刻注意安全和文明生产，养成安全和文明生产的习惯并逐步达到职业岗位的要求。

在安全意识方面，对学生的工具选择和使用、设备和线路安装等操作是否符合安全操作规程进行评价，还对学生安装的设备和线路的安全保护装置是否完善、能否保证设备和使用人员的安全进行评价。

在文明生产方面，对学生是否遵守课堂纪律、是否积极参与技能训练、是否与同学交流合作、是否注意工位的整洁卫生等进行评价。

2. 评价方法

采用定性与定量相结合，自评与他评相结合，鼓励学生积极参与互动，使评价对象从评价中得到激励和启发，达到促进学生发展的目的。

评价采用“专业技能成绩+训练过程记录+评语”的模式。

(1) 定量与定性相结合。

定量，就是根据项目教学目标，为学生评定项目成绩。成绩评定能对学生的项目训练进行有效的控制，激励和督促学生对存在的问题加以改进。

定性，就是要根据学生在学习过程中的表现，如工具的使用、元件和器材的选择、操作方法和操作工艺等进行有针对性的评价；充分肯定学生在技能训练过程中表现出的认真学习和劳动的态度，实事求是的作风和创新的精神；同时，要找出学生在技能训练过程中存在的不足，指出改进的方法和措施。通过定性评价，让暂时落后的学生看到自己的优势，增强学习的信心，改进自己技能上的不足，不断进步；让能完成训练任务、成绩比较好的同学看到自己的不足，鼓励他们改进操作方法和操作工艺，吸取教训，总结成功的经验，进一步提高自己的技能水平。

(2) 学生自评、小组评定与教师确认相结合。

学生自评，就是让学生对照评价项目和评价标准，自己给自己评定成绩并给技能训练的表现写评语。鼓励学生积极参与技能训练的评价，有助于学生对自己的技能训练进行反思，鞭策自己向技能训练的目标前进。

小组评定，就是让全小组的学生一起，对该小组每一个学生的产品进行评价。小组评定有助于学生之间的相互交流，有助于学生从不同层面、不同角度认识问题，有助于学生全面、正确地认识和评价自己。

教师确认，就是教师根据学生自评的成绩、小组评定的成绩，对照评价项目和评价标准，给学生评定技能训练的成绩。教师对技能训练的目标、学生应使用的操作方法和工艺、安全规程技术规程等有比学生更全面和深刻的了解，引导学生达成技能训练目标、指导学生掌握操作方法和工艺、熟悉安全和技术规程是教师的责任。教师确认技能训练的成绩是责任的体现，也有助于学生准确地认识自己。

(3) 技能训练过程的记录。

学生在技能训练的过程中有许多不同的表现，有些表现是需要控制的，如违反安全操作规程、违反训练纪律、可能损坏仪器或仪表的连接线路等；有些表现是需要鼓励的，如采用新工艺和新方法、对设备的安装或线路的制作提出新的看法或新的见解，对教师在教学中讲解的操作提出的疑问等。为全面评价学生的技能训练，应注重学生在技能训练过程的表现，使给定的技能训练成绩和评语被学生认同，为学生技能的提高提出改进意，对学生的发展指出方向，记录学生在技能训练中的主要表现是很有必要的。

3. 评价的实施

每个学生每个项目都有评价表，记录学生项目学习中的表现成绩，以便对学生的进步和发展有真实、全面的了解。一体化项目评价表和课堂教学过程管理表如表3和表4所示。

表3　　一体化项目评价表

<table>
<tr><td>一体化课程名称</td><td colspan="6"></td></tr>
<tr><td>学习任务名称</td><td colspan="6"></td></tr>
<tr><td colspan="7">一、综合职业能力成绩</td></tr>
<tr><td>评分项目</td><td colspan="2">评分内容</td><td>配分</td><td>自评</td><td>小组评分</td><td>教师确认</td></tr>
<tr><td>任务完成</td><td colspan="2">完成项目任务、功能正常等</td><td>60</td><td></td><td></td><td></td></tr>
<tr><td>操作工艺</td><td colspan="2">方法步骤正确、动作准确等</td><td>20</td><td></td><td></td><td></td></tr>
<tr><td>安全生产</td><td colspan="2">符合操作规程、人员设备安全等</td><td>10</td><td></td><td></td><td></td></tr>
<tr><td>文明生产</td><td colspan="2">遵守纪律、积极合作、工位整洁</td><td>10</td><td></td><td></td><td></td></tr>
<tr><td colspan="3">总分</td><td></td><td></td><td></td><td></td></tr>
<tr><td colspan="7">二、训练过程记录</td></tr>
<tr><td>工具、元器件选择</td><td colspan="6"></td></tr>
<tr><td>操作工艺流程</td><td colspan="6"></td></tr>
<tr><td>技术规范情况</td><td colspan="6"></td></tr>
<tr><td>安全文明生产</td><td colspan="6"></td></tr>
<tr><td>完成任务时间</td><td colspan="6"></td></tr>
<tr><td>自我检查情况</td><td colspan="6"></td></tr>
<tr><td rowspan="4">三、评语</td><td rowspan="2">自我整体评价</td><td colspan="4" rowspan="2"></td><td>学生签名</td></tr>
<tr><td></td></tr>
<tr><td rowspan="2">教师整体评价</td><td colspan="4" rowspan="2"></td><td>教师签名</td></tr>
<tr><td></td></tr>
</table>

表 4

课堂教学过程管理表

项目：______________ 地点：__________

时间：第___周星期___第___节 ___年___月___日 教师：__________

组别	编号	姓名	职业道德考核项目															职业技能考核成绩				总评
			迟到	早退	旷课	食用零食	打闹	喧哗	离岗	睡觉	工具整理	手机	卫生	完成情况	顶撞老师	加分内容	其他	原理	实操	规程	报告	
	1（组长）																					
	2																					
	3																					
	4																					
	5																					
	6																					
	7																					
	8																					
教师评语																						

十二、教学保障条件

（一）师资队伍

1. 教学团队的组建

工学结合人才培养模式的实施，要求必须拥有一支具有先进的职教理念、扎实的理论功底、熟练的实践技能、缜密的逻辑思维能力、丰富的表达方式的教师队伍。为保证人才培养目标的实现，教师队伍必须由专业带头人、骨干教师、一般教师和兼职教师组成。

2. 教师的素质要求

（1）专任教师。

1）熟悉电子技术的基本知识。

2）具有擅长的技术特长。

3）能承担日常教学要求。

4）指导学生进行家电维修或者电子设计的能力。

5）扎实的理论功底。

6）热爱电子行业。

7）热爱职业教育、具有良好的师德表率。

8）具有敏锐的学术触觉，能把握企业技术的主流。

9）良好的实操动手能力。

10）良好的计算机能力。

（2）兼职教师。

1）企业一线的技术骨干。

2）至少5年电子类相关行业的工作经验。

3）在技术领域中具有某些特长，并了解行业的发展动向。

4）承担过正规企业的电子类的培训经验。

5）热爱职业教育。

（二）实践教学条件

1. 校内专业实训室

为了保证人才培养方案的顺利实施，建成与课程体系相配套的一批专业实训室，为校内一体化课程的实施提供了有力的支撑。专业实训室情况如表5所示。

表5　　　　　　　　校内专业实训室一览表

编号	专业实训室	主要功能	主要设备
1	单片机实训室	单片机应用和传感器应用实训	单片机实训台、单片机实验箱、台式计算机、投影仪、工作台等
2	手机测试实训室	移动通信设备实训、通信终端设备维修实训	热风枪、恒温烙铁、数字示波器、手机、稳压电源、扫频仪、机信号源、工作台等
3	电视机实训室（一体化实训室）	电视机实训，中级工、高级工技能考核，电子技术一体化实训	投影仪、台式计算机、工作台、示波器、实物投影仪、多媒体操作台等
4	电子CAD实训室	电子线路CAD理论教学与实训	台式计算机、交换机等
5	模拟电子技术实训室	模拟电路实验和万用表组装实训、功率放大电路组装实训、电子产品制作实训	投影仪、低频信号发生器、模拟电路实验箱、示波器、实验台、工具箱等
6	数字电子技术实训室	数字电路实训、电视机实训、中级工技能考核	数字电路实验箱、示波器、工作台、工具箱等
7	电子工艺实训室	电子技术基础工艺训练	工艺实验台、示波器、投影仪等
8	音像实训室	音像设备实训，中级工、高级工技能考核	投影仪、台式计算机、液晶电视、功率放大器、工作台、示波器等
9	生产线（一体化实训室）	跟企业合作、对外加工、一体化实训等	生产线1套
10	有线电视实训室	有线电视机实训	玻璃柜、混合器、卫星天线等

2. 校外顶岗实训基地

按照顶岗实践和教研科研的要求，电子技术应用专业按照顶岗实践和工学结合的要求以企业为主开拓了多个校外实训基地。这些基地的建设与使用，满足了学生顶岗实习、零距离就业及教师顶岗实践、横向课题及专业技能开发、教学案例收集的要求，有效地提高了学生的综合应用能力和实践操作能力，缩短了学生的岗位适应期，使电子技术应用专业综合实训教学真正实现了工学结合。校外实训基地及其利用情况如表 6 所示。

表 6　　　　校外实训基地利用情况表

校外实训基地	岗　位	培养能力
珠海市恒波通信设备有限公司	3G 应用技术员	包括三大手机系统介绍、代表机型功能介绍、应用软件安装方法、计算机客户端软件使用
珠海安联锐视科技股份有限公司	电子设备维护、维修等	包括安防、监控设备及系统的测试、维修及售后服务
珠海诚立信电子科技有限公司	电子仪器操控、质检、维修等	LED 应用
珠海澳米嘉电子科技有限公司	SMT 操作与维护	LED 控制板的元件贴片
珠海市华升光电科技有限公司	电子产品安装与调试	液晶电视的安装与调试

（三）专业建设机制和制度保障

为达到专业培养目标，在课程的组织、实施和专业建设过程中必须建立良好的机制、制度来保障。

1．健全专业建设机制

建立专业建设日常工作小组，认真、广泛开展市场调查，获取社会需求和就业信息，再结合学校实际情况不断调整专业定位和方向；同时，充分利用已有的专业建设指导委员会，积极探索并制定基于工学结合模式的电子专业人才培养方案，增强对职业能力培养起至关重要作用的实践教学环节的指导。

2．制度保障

（1）教学管理制度。为了保障一体化教学的顺利实施与运行，学校制定了统一的教学管理制度。

（2）顶岗实训制度。顶岗实训作为工学结合人才培养模式的重要组成部分，相较于校内教学组织更需规范和管理。为此，学校制定了《珠海市高级技工学校顶岗实习工作管理制度》，使顶岗实习教学环节有组织、有计划、有考核、有落实，保证了工学结合人才培养模式的顺利实施。

电子技术应用专业在学校统一教学管理制度的基础上，结合专业特点和教学要求，制定了电子技术应用专业实践教学管理细则，包括《校企合作工作手册（细则）》等系列教学管理制度。

（3）教学质量保障体系。在质量保证体系建设方面，严格执行《珠海市高级技工学校教学质量考评办法》《珠海市高级技工学校关于教学事故界定和处理的规定》《珠海市高级技工学校教学质量评价方案和检查措施》等管理制度，对教学质量进行系统有效的监控。

通过教学质量管理体系的建立，从教学管理入手，认真检查教学效果，形成了一个系统化、全员化、全程化的质量管理体系。教学过程的控制主要由学校的教务处、系部主管教学的主任和专业教研室主任负责；教学效果检查除了考试、考核以外，主要以学校教务处和招生就业处为主，统计学生的就业率和企业满意率。同时，校外实训基地、学生就业企业也参与对教学效果的评价。

（4）校企合作长效机制。

1）以企业需求为导向，依据“订单”确定培养目标，共同修订教学计划。

2）学术与技能共进——校企共同构建素质优良的“双师”型教学团队。

3）搭建教学资源校企共建共享平台，形成良性互动。

4）完善以“校企融合”为特征的管理体系。

5）校园文化与企业文化相交融，加强学生综合职业素养培养。

十三、其他说明

（1）本人才培养方案由我校电子技术应用系与人力资源与社会保障部联合开发。

（2）本人才培养方案中的课程开发流程与人力资源与社会保障部电子技术应用专业一体化课程方案同步且一致。

第二部分
电子技术应用专业
课程标准

电子技术应用专业课程标准

一、"电子产品组装"一体化课程标准

<table>
<tr><td>一体化课程名称</td><td>电子产品组装</td><td>基准学时</td><td>110</td></tr>
<tr><td colspan="4">典型工作任务描述</td></tr>
<tr><td colspan="4">在现代电子产品生产和应用中，存在大量像伟创力、富士康等 OEM、ODM 型的企业，为客户代工完成电子产品的组装。例如，富士康公司承接苹果公司 iPad 平板电脑的组装。这类电子产品的组装一般在生产流水线环境下完成板级器件、模块间、整机的连接与装配（插接、焊接）、简单测试等工作。
完成该项工作的过程是：操作人员接到工作任务后，根据任务书的要求，认真识读电子产品的功能方框图及功能模块接口等工艺文件，收集相关资料（利用网络或参考工具书），明确相应模块电路板及接口的位置，列出接口、排线的类型及其他相关材料等清单，领用材料并准备工具、仪器仪表和辅助材料，按生产现场管理 6S 标准作好生产现场准备，核对接口、排线的型号和规格，按照结构图和工艺文件要求，严格遵守电子产品装配安全规范进行组装。完成后，依据功能模块结构连接关系和产品性能指标进行逐级检测，合格的产品进行相关标识和包装后，交付给项目负责人进行验收，并由项目负责人在工作任务书中的验收项目处签字确认。
工作任务完成后，按生产现场管理规范归置物品，清理工程垃圾并整理现场，关闭工作台和现场电源后方可离开工作现场。</td></tr>
<tr><td colspan="4">工作内容分析</td></tr>
<tr><td>工作对象：
（1）接收工作任务书，明确装配任务；
（2）根据任务要求，制订工作计划，确定装配方案；
（3）准备仪器仪表、装配工具、接口和排线等材料；
（4）识读电子产品功能模块方框图及相关工艺生产文件，确定元器件清单、接口、排线及其安装部位；
（5）按生产流程与工艺要求进行产品装配；
（6）本环节后技术指标自检，合格产品进行合格标识并包装；</td><td colspan="2">工具、仪表、材料与资料：
工具：如螺钉旋具、尖嘴钳、斜口钳、剥线钳、镊子、电烙铁、胶枪、防静电手环等。
仪表：万用表、示波器、稳压电源、信号发生器等。
材料：焊锡、松香、小导线、胶棒、常用的电子元器件配件（电阻、电容、电感等）、热缩管、标签、电工胶布等。
资料：任务书、技术图纸、技术手册、工艺文件、工作牌、安全操作规程等。</td><td>工作要求：
（1）能执行安全操作规程、生产现场管理 6S 标准；
（2）能明确工作任务和个人任务要求，服从安排；
（3）能读懂简单电子产品原理图、PCB 图、工艺文件；按要求准备生产的工具、材料、设备等；
（4）按照作业规</td></tr>
</table>

续表

工作内容分析		
（7）在任务单上签字确认，交付下一环节或者相关部门验收； （8）清理残余物料，归置物品。	**工作方法：** （1）资料查收与信息处理方法； （2）电子元器件的识别与检测方法； （3）手工插装与焊接操作方法； （4）接口、排线的识别与检测方法。 **劳动组织方式：** （1）小批量产品一般以独立或团队组织生产，大批量产品一般以流水线的形式组织生产； （2）从班组长或项目负责人（指导教师）处领取工作任务； （3）与同事、小组成员有效沟通，合作完成工作任务； （4）从物料处领取专用工具和材料； （5）完工自检后交付下一环节或者相关部门验收。	程应用必要的静电防护和隔离措施，确保电子产品的安全； （5）能按图样、工艺要求、安全规程要求工作； （6）工作后，能按工作任务书的要求进行自检； （7）按电子作业规程，作业完成后整理产品内的残余物料、清点工具拆除防护措施； （8）能正确填写本任务单的验收项目，并交付验收。

课程目标

（1）能独立阅读工作任务单，明确工时、工艺要求和人员分工，叙述个人任务要求；

（2）能根据任务要求，列举所需工具和材料清单，准备工具，领取材料；能根据作业规程应用必要的标识、隔离、防静电措施，准备现场工作环境；

（3）能对常用组装工具，如螺钉旋具、尖嘴钳、斜口钳、剥线钳、镊子等，使用、维护保养；

（4）能根据任务要求，识别电路硬件模块的规格与性能参数，能识别电子产品功能模块及方框图；

（5）能根据任务要求，进行导线加工和焊接；

（6）能根据任务要求和接口定义，进行电子产品内部模块间连接；

（7）能根据任务要求 ，完工后进行自检；

（8）能正确标注有关信息的铭牌标签；

（9）能正确填写任务单的验收项目，并交付验收；

（10）工作任务完成后，按生产现场管理6S标准，归置物品，整理现场，关闭工作台和现场电源。

学习内容		
(1) 生产现场管理6S标准，是指整理、整顿、清洁、清扫、安全、素养； (2) 电烙铁、尖嘴钳、斜口钳等电子装配工具的使用； (3) 万用表、毫伏表、示波器等电子仪器仪表的使用； (4) 电子产品装配时隔离、防静电措施； (5) 配料与领料流程； (6) 电阻、电容、电感、二极管、扬声器的识别； (7) 电子产品原理结构框图识读； (8) 电子产品接口类型； (9) 电子产品内部模块间接线技术； (10) 电子产品内部配电线路连接技术。		
参考性学习任务		
序号	名称	学时
1	万用表的装配	27
2	计算机主机的组装	27
3	DVD整机组装	28
4	2.1声道有源音箱组装	28
教学实施建议		
本课程可以采用上述代表性工作任务或根据各自学校的实训条件，灵活选择其他具有典型代表性的电子产品组装相关工作任务，作为学习载体来完成相关知识和技能的学习。代表性工作任务的选择一定要突出电子产品组装以下基本知识点： (1) 生产现场管理6S标准； (2) 电烙铁、尖嘴钳、斜口钳等电子装配工具的使用； (3) 万用表、毫伏表、示波器等电子仪器仪表的使用； (4) 电子产品装配时隔离、防静电措施； (5) 配料与领料流程； (6) 电子产品原理结构框图识读； (7) 电子产品接口类型； (8) 电子产品内部模块间接线技术； (9) 电子产品内部配电线路连接技术； (10) 选择其他典型工作任务也要充分考虑电子产品组装难度的层次递进性、实用性、趣味性和可操作性； (11) 在教材的实际使用中，可根据学校师资、学生情况和设备等实际条件进行相应调整； (12) 在教学过程中，电子产品组装要遵循由简单到复杂（从简单的万用表的装配到2.1声道有源音箱组装）、工作要求和工作复杂度逐步递进的原则； (13) 边做边学，从做中学，让感性认识与理性认识相互渗透，符合技工生的学习认知规律，基于工作过程组织教学； (14) 在学生制作的过程中要强调电子产品组装的安全性和规范性，强调工作过程的完整性与课程的发展开放性；		

续表

教学实施建议
（15）在本课程的学习过程中，有条件的学校可以组织学生到电子产品组装生产线的实际工作现场观摩，加深对本职业的认知，观摩后要求学生作出信息反馈； （16）教学实训实施应加强电子产品组装情境的塑造，重视电子产品的模块与接口的认识，让学生充分感知专业电子产品组装工实施组装工作时的职业氛围和职业标准，从而实现电子产品组装教学与现实电子产品组装员岗位的零距离对接； （17）为保证教学安全和实践效果，建议每位指导老师负责组织和指导 15～20 位学生，学生分组控制在 4～5 人/组； （18）本课程相关的理论知识要融入到具体的学习任务中逐步展开，按照学生为主体、教师为引导的原则，调动学生的自主学习积极性，让学生掌握具体的职业能力； （19）在教学形式上，应多采用图片、声音、视频、现场示范等多媒体信息作为教学媒体，以吸引学生的学习兴趣，同时也令学生具有直观的感性认识； （20）在本课程的教学过程中，应多采用情景演示、角色扮演、现场观摩等多种教学方式，让学生乐于学习。
教学考核
基本技能： （1）电烙铁、尖嘴钳、斜口钳等电子装配工具的使用； （2）万用表、毫伏表、示波器等电子仪器仪表的使用； （3）电子产品装配时隔离、防静电措施； （4）配料与领料流程； （5）电子产品原理结构框图识读； （6）电子产品接口类型； （7）电子产品内部模块间接线技术； （8）电子产品内部配电线路连接技术。 **综合素质能力：** （1）团队的合作性； （2）组内的纪律性； （3）自学能力； （4）项目完成的效率； （5）项目的性能指标； （6）项目的组装工艺； （7）安全操作； （8）符合 6S 管理流程。 **情感因素：** （1）学生自主探究学习的状态； （2）学生合作学习的状态； （3）学生的自我感受（共鸣度、愉悦度、价值度）； （4）与人合作的积极性。

二、"电气布线"一体化课程标准

<table>
<tr><td>一体化课程名称</td><td>电气布线（中技）</td><td>基准学时</td><td>99</td></tr>
<tr><td colspan="4">典型工作任务描述</td></tr>
<tr><td colspan="4">工业仪器仪表、通信、电视广播等用电设备的正常使用，需要交流 220V 或者 380V 供电，而供电部门仅提供用电入户端，需要根据用户的需求进行室内电气布线。电气布线主要包括家庭用电布线、工厂厂房用电布线。电子产品的供电主要以家庭用电为主，家庭用电线路的安装主要是进行室内线路及用电设备的安装，家庭用电线路安装的典型工作任务是完成单联单控电路安装、双联双控电路安装、客厅电器安装，以及套房的电气线路安装等。
完成任务的工作过程：操作员首先接受工作任务，听取任务说明及任务要求，阅读电气安装示意图，确定材料清单和安装位置，进行任务分配；施工前进行现场勘察，标出安装位置，领用安装线路工具和材料后作好操作现场准备；使用电工工具及仪表，按照民用建筑电气设计规范进行线路安装；现场施工严格遵守《电工安全操作规程》；对用电线路的功能进行测试，填写验收报告；对线路设计安装施工过程中出现的问题进行总结与反思，在项目主管的指导下提出线路改进的可行性建议；安装完毕后通电测试，填好相关表格交付用户验收；按照企业 6S 管理要求清理现场、整理物品。</td></tr>
<tr><td colspan="4">工作内容分析</td></tr>
<tr><td>**工作对象：**
（1）接受任务，明确任务要求；
（2）阅读工作计划，按小组分配工作任务；
（3）识读安装示意图，勘察现场，标出安装位置，确定材料清单；
（4）领用材料，并准备装配工具和辅助材料；
（5）按照布线工艺要求施工；
（6）对安装完毕的电路进行测试；
（7）通电运行并填写项目验收单；
（8）检测合格后，按任务单上的验收项目交付验收，最后签字确认；
（9）归置物品并整理现场。</td><td colspan="2">**工具、材料与资料：**
工具：电工常用工具（电笔、剥线钳、尖嘴钳等）、仪表（万用表、绝缘电阻表等）、线路故障测试仪、手电钻、重锤（冲击钻）、螺钉旋具等。
材料：线槽、线管、号码管、热缩管、标签、电工胶布、螺钉、开关、导线等。
资料：任务单、工作牌、电工安全操作规程等。
工作方法：
（1）照明线路图的识读和绘制方法；
（2）导线的剖线和连接方法；
（3）照明线路的检测方法。
劳动组织方式：
（1）以个人或小组形式施工；
（2）从班组长处领取任务单，作业后交付；
（3）从仓管处领取仪器仪表和材料；
（4）与小组成员有效沟通，合作完成安装及检修任务；
（5）自检完成后交付项目负责教师验收。</td><td>**工作要求：**
（1）能执行电工作业安全操作规程；
（2）能执行生产现场管理 6S 标准；
（3）能明确项目任务和个人任务要求，服从相关人员安排；
（4）严格遵守作业规范进行线路安装；
（5)能按图样、工艺要求和安全操作规程正确施工；
（6）能按照任务书要求利用仪器仪表进行线路检测；
（7）生产完毕后能清点工具、人员，收集剩余材料，归置物品、清理工程垃圾；
（8）能正确填写工作任务书的验收项目，与项目负责人有效沟通并交付验收。</td></tr>
</table>

续表

课程目标
(1) 感知行业的职业特征，遵循安全操作规程，遵守企业安全生产要求、规章制度和技术发展趋势等，并能通过各种方式展示所认知的信息； (2) 明确安全操作规程和常见的触电方式，能实施触电急救； (3) 阅读工作任务单，明确工时、工艺要求和人员分工，叙述任务要求； (4) 阅读安装示意图，正确填写材料清单表； (5) 现场勘察，描述施工现场特征，正确标出各器件安装位置； (6) 按照作业规程应用必要的标识和隔离措施，准备现场工作环境； (7) 使用冲击钻等工具，明确紧固孔径大小及孔深，加工紧固位置； (8) 明确线路的距离，估测线槽、线管、导线的长度，使用相关工具，根据接驳方法对线槽、线管接驳处进行成型； (9) 根据接驳处的位置和功能需求，使用直驳法、交叉法、T型法等强电线路接驳方法，以及网线、电话线等接驳方法，完成接驳； (10) 使用检测工具，检测线路接驳的良好性，使用绝缘材料实现绝缘恢复； (11) 使用线路检测仪，检测连通性并进行上电前自检； (12) 上电测试，检查功能完整性； (13) 按作业规程和生产现场管理6S标准，作业完毕后能清点工具、人员，收集剩余材料，清理工程垃圾，拆除防护措施； (14) 正确填写任务单的验收项目，交付验收，签字确认。
学习内容
(1) 安全用电的基本操作规程； (2) 触电方式与急救方法； (3) 配电线路的相关简单知识； (4) 导线连接与绝缘恢复方法； (5) 线路敷设技巧； (6) 选取恰当的工具进行规范的施工操作； (7) 电线接驳的技巧； (8) 物料的选取技巧； (9) 施工图的识读技巧； (10) 常用电气仪表与工具的使用方法。

续表

参考性学习任务		
序号	名称	学时
1	单联单控线路安装	15
2	双联双控线路安装	15
3	客厅线路安装	28
4	套房线路安装	41

教学实施建议

本课程可以采用上述代表性工作任务，或根据各自学校的实训条件灵活选择其他具有典型代表性的电气布线相关工作任务，作为学习载体来完成相关知识和技能的学习。代表性工作任务的选择一定要突出电气布线以下基本知识点：

（1）安全用电的基本操作规程；

（2）触电方式与急救方法；

（3）配电线路的相关简单知识；

（4）导线连接与绝缘恢复方法；

（5）线路敷设技巧；

（6）选取恰当的工具和方法进行规范的施工操作；

（7）电线接驳技巧；

（8）物料选取的技巧；

（9）施工图的识读技巧；

（10）选择其他典型工作任务要充分考虑电气布线随着环境变化的层次递进性、实用性、趣味性和可操作性；

（11）教学实训实施应加强电气布线学习情境的塑造，重视布线现场的学习环境模拟，让学生充分感知专业电工实施布线工作时的职业氛围和职业标准，从而实现电气布线教学与现实电气布线员岗位的零距离对接；

（12）在教学过程中，电气布线项目要遵循由简单到复杂（从简单的单联单控电路安装到套房环境的电气布线）、工作要求和工作复杂度逐步递进的原则；

（13）边做边学，从做中学，让感性认识与理性认识相互渗透，符合技工生的学习认知规律，基于工作过程组织教学；

（14）在学生制作的过程中要强调电气布线操作的安全性和规范性，强调工作过程的完整性与课程的发展开放性；

（15）在本课程的学习过程中，有条件的学校可以组织学生到电气布线的实际工作现场观摩，加深对本职业的认知，观摩后要求学生作出信息反馈；

（16）本课程相关的理论知识要融入到具体的学习任务中逐步展开，按照学生为主体、教师为引导的原则，调动学生的自主学习积极性，让学生掌握具体的职业能力；

（17）在教学形式上，应多采用现场示范的教学法，以吸引学生的学习兴趣，同时也令学生具有直观的感性认识；

（18）在本课程的教学过程中，应多采用情景演示、角色扮演、现场观摩等多种教学方式，让学生乐于学习。

续表

教学考核
基本技能： （1）安全用电的基本操作； （2）触电方式与急救； （3）配电线路的规范布线； （4）导线连接与绝缘恢复； （5）线路敷设； （6）选取恰当的工具并进行规范的施工操作； （7）电线接驳法； （8）物料的选取； （9）施工图的识读。 **综合素质能力：** （1）团队的合作性； （2）组内的纪律性； （3）自学能力； （4）项目完成的效率； （5）项目的性能指标； （6）项目的施工工艺； （7）安全操作； （8）遵守6S管理流程。 **情感因素：** （1）学生自主探究学习的状态； （2）学生合作学习的状态； （3）学生的自我感受（共鸣度、愉悦度、价值度）； （4）与人合作的积极性。

三、“电子设备安装”一体化课程标准

<table>
<tr><td>一体化课程名称</td><td>电子设备安装</td><td>基准学时</td><td>380</td></tr>
<tr><td colspan="4">典型工作任务描述</td></tr>
<tr><td colspan="4">在现实众多电子设备安装中，会议室、报告厅、娱乐场所、大型晚会等视听设备的安装是目前比较流行的、典型的电子设备安装，因此出现了大量的舞台灯光、会议室视听、卡拉OK系统安装的公司。该类公司承接业务并安排设备安装员，设备安装员根据施工样图与登高作业等安全规范对会议视听、舞台灯光、卡拉OK室等设备进行现场安装与简单调试。
其工作过程是：操作者接到工作任务后，根据任务要求勘察现场，准备工具和材料，做好工作现场准备，严格遵守作业规范进行施工，安装完毕后进行自检调试，填写相关表格并交付用户或相关部门验收，按照管理规范清理场地、归置物品。</td></tr>
<tr><td colspan="4">工作内容分析</td></tr>
<tr><td>工作对象：
（1）执行电子设备安全操作规程；
（2）接受任务，明确工作任务要求，填写任务单；
（3）识读说明书，明确电子设备的安装要求；
（4）识读相关技术文件，明确电子设备的性能指标；
（5）现场勘察，与用户沟通，明确安装地点、施工条件等；
（6）根据任务要求和施工图样，制订工作计划；
（7）根据任务要求，准备工具和材料；
（8）做好现场环境保护工作；
（9）按施工计划和工艺要求进行安装；
（10）性能调试、查找及排除故障；
（11）施工后自检；
（12）清理场地、归置物品；
（13）在任务单上签字确认，交付用户或相关部门验收。</td><td colspan="2">工具、材料与资料：
工具：电子常用工具（如螺钉旋具、尖嘴钳、斜口钳、虎口钳、镊子、电烙铁、胶枪等）、仪表（万用表等）、安装工具（如冲击钻、梯子等）、劳保用品、测试工具（计算机、专用测试仪等）等。
材料：焊锡、导线、线槽、线管、网线、电子设备、标签等。
资料：任务单、施工图样、《电子行业安全操作规程》、《电子设备安装施工规范》等。
工作方法：
（1）常用电子工具和仪表的使用方法；
（2）导线（通信电缆）的连接和绝缘恢复方法；
（3）线路的敷设方法；
（4）安装工具的使用方法；
（5）查阅资料的方法；
（6）强电导线的选择选用的方法；
（7）信号线的选择选用的方法；
（8）登高作业的方法；
（9）安全用电的方法；
（10）性能调试的方法；
（11）设备现场整理的方法；
劳动组织方式：
（1）一般以小组形式或者以个人的形式施工；
（2）从项目负责人处领取工作任务；
（3）与其他部门有效沟通、协调、创造施工条件；
（4）与同事有效沟通，合作完成施工任务；
（5）从物料部领取专用工具和材料；
（6）性能自检后交付项目负责人或客户验收。</td><td>工作要求：
（1）能执行电工作业安全操作规程；
（2）能执行生产现场管理6S标准；
（3）能明确项目任务和个人任务要求，服从相关人员安排；
（4）严格遵守作业规范进行线路安装；
（5）能按图样、工艺要求和安全操作规程正确施工；
（6）能按照任务书要求利用仪器仪表进行线路检测；
（7）安装完毕后能清点工具、人员，收集剩余材料，归置物品、清理工程垃圾；
（8）能正确填写工作任务书的验收项目，与项目负责人有效沟通并交付验收。</td></tr>
</table>

续表

课程目标

（1）能描述被安装电子设备的功能、工时、数量，列举工作任务的技术要求（外观、牢固度等），明确项目任务和个人任务要求，服从工作安排；

（2）能描述被安装电子设备的基本结构和基本工作原理，能识读配电线路、信号线路的接线图、安装图等，描绘出安装位置，确保正确连接线路；

（3）能判别外围设备的适用性及被安装电子设备的好坏，核查并列举其型号与规格是否符合任务书（客户）要求；

（4）能按图样、工艺要求、设备要求和安全规范，正确使用工具进行安装；

（5）能用仪表进行测试检查，验证电子设备安装的正确性，并能修正装接的错误点；

（6）能按照安全操作规程正确通电试机；

（7）能按照电子设备的产品说明书，列举功能、性能是否符合要求，并进行调试；

（8）按照作业规程和生产现场管理6S标准，在作业完毕后能清点工具、人员，收集剩余材料，拆除防护措施，归置物品，清理工程垃圾。

学习内容

（1）6S管理规程；

（2）安全生产要求、规章制度和电子装配技术发展趋势；

（3）常用工具和设备的名称、规格、功能、使用及维保；

（4）常用仪器仪表的使用；

（5）安全用电常识；

（6）与人沟通的能力和文明礼仪；

（7）电子设备三视图、装配图和施工图的识读；

（8）电气布线的施工规范；

（9）电子设备的调试技巧；

（10）设备安装与调试的工作流程；

（11）各种电子设备的接口的定义、识别及装接。

续表

参考性学习任务

序号	名称	学时
1	有线扩音系统的安装与调试	34
2	导游无线扩音系统的安装与调试	34
3	组合音响的安装与调试	34
4	会议室简易语音系统的安装与调试	34
5	壁挂式液晶电视的安装与调试	34
6	投影式视频系统的安装与调试	34
7	会议室投影式语音系统的安装与调试（可选）	50
8	烟雾监测、投影式卡拉 OK 系统的安装与调试	60
9	舞台灯光系统的安装与调试	66

教学实施建议

本课程可以采用上述代表性工作任务，或根据各自学校的实训条件灵活选择其他具有典型代表性的电子设备安装相关工作任务，作为学习载体来完成相关知识和技能的学习。代表性工作任务的选择一定要突出电子设备安装以下基本知识点：

（1）6S 管理规程；

（2）电子装配技术发展趋势；

（3）常用工具和设备的名称、规格、功能、使用及维护保养；

（4）常用仪器仪表的使用；

（5）安全用电常识；

（6）电子设备三视图、装配图和施工图的识读；

（7）电气布线的施工规范；

（8）电子设备的调试技巧；

（9）设备安装与调试的工作流程；

（10）选择其他典型工作任务要充分考虑电子设备安装难度的层次递进性、实用性、趣味性和可操作性；

（11）在教材的实际使用中，可根据学校师资、学生情况和设备等实际条件进行相应调整；

（12）在教学过程中，电子产品组装要遵循由简单到复杂（从简单的板级有线扩音系统的安装与调试到现场设备级舞台灯光系统的安装与调试）、工作要求和工作复杂度逐步递进的原则。

续表

教学实施建议
（13）边做边学，从做中学，让感性认识与理性认识相互渗透，符合技工生的学习认知规律，基于工作过程组织教学； （14）在学生制作的过程中要强调电子设备安装的安全性和规范性，强调工作过程的完整性与课程的发展开放性； （15）在本课程的学习过程中，有条件的学校可以组织学生到电子设备安装的实际工作现场，最好能到有板级与现场级的良好的生产环境进行观摩，加深对本职业的认知，观摩后要求学生作出信息反馈； （16）教学实训实施应加强电子设备安装情境的塑造，重视电子设备的支架安装、电气布线、信号线布线以及接口的认识，能对安装好的电子设备进行简单的调试，让学生充分感知专业电子设备安装工实施安装工作时的职业氛围和职业标准，从而实现电子设备安装教学与现实电子设备安装员岗位的零距离对接； （17）为保证教学安全和实践效果，建议每位指导老师负责组织和指导15～20位学生，学生分组控制在4～5人/组； （18）本课程相关的理论知识要融入到具体的学习任务中逐步展开，按照学生为主体、教师为引导的原则，调动学生的自主学习积极性，让学生掌握具体的职业能力； （19）在教学形式上，应多采用引导课文、卡片展示、现场师生互动示范、情景演示、角色扮演、现场观摩等多种教学方法； （20）在本课程的教学过程中，应多采用情景演示、角色扮演、现场观摩等多种教学方式，让学生乐于学习。
教学考核
基本技能： （1）6S管理规程； （2）电子装配技术发展趋势； （3）常用工具和设备的名称、规格、功能、使用及维保； （4）常用仪器仪表的使用； （5）安全用电常识； （6）电子设备三视图、装配图和施工图的识读； （7）电气布线的施工规范； （8）电子设备的调试技巧； （9）设备安装与调试的工作流程。 **综合素质能力：** （1）团队的合作性； （2）组内的纪律性； （3）自学能力； （4）项目完成的效率； （5）项目的性能指标； （6）项目的组装工艺； （7）安全操作； （8）符合6S管理流程。 **情感因素：** （1）学生自主探究学习的状态； （2）学生合作学习的状态； （3）学生的自我感受（共鸣度、愉悦度、价值度）； （4）与人合作的积极性；

四、“模块电路装配与调试”一体化课程标准

<table>
<tr><td>一体化课程名称</td><td>模块电路装配与调试</td><td>基准学时</td><td>136</td></tr>
<tr><td colspan="4">典型工作任务描述</td></tr>
<tr><td colspan="4">随着家用电器的自动化程度越来越高，其电路的复杂程度也越来越高，企业的专业化分工也越来越明显。因此近年来的家用电器和工业设备通过模块化的方法将复杂电路分离，以便于各企业进行生产与维护保养。模块电路装配与调试便成为电子产品的制造与生产的重要一环。
其工作过程是：操作者从生产主管处接收 PCB 装配任务，根据任务要求，准备相关工具和材料，做好工作现场准备，严格遵守安全用电操作规程；按照元器件清单领用元器件并识别与检测，将检测合格、预处理后的元器件按照工艺要求在检测合格的 PCB 上进行插装焊接；检测焊接质量合格后，通电进行电气性能指标测试；以上过程均合格后送入下一道工序或交付验收；按照生产管理 6S 标准进行现场整理，归置物品。</td></tr>
<tr><td colspan="4">工作内容分析</td></tr>
<tr><td>工作对象：
（1）接收工作任务，明确电路板装配任务要求；
（2）识读电路原理图、PCB 图及相关工艺技术文件要求，核对元器件清单和安装部位；
（3）根据任务要求，制订工作计划，确定施工组织方案；
（4）安装 Protel、Protues 等绘图软件，并按工作计划绘制原理图再生成 PCB 图；
（5）采购元器件，并准备仪器仪表、装配工具和辅助材料；
（6）核对元器件的型号和规格、检测元器件的参数和性能；
（7）完成电路板焊接任务并目测焊接质量；
（8）按照安全操作规程进行电路性能测试；
（9）清理现场，处理废液；
（10）检测合格后，按任务单上的验收项目进行交付验收，最后签字确认；
（11）归置物品并整理现场。</td><td>工具、材料与资料：
工具：电子常用工具（如螺钉旋具、尖嘴钳、斜口钳、虎口钳、镊子、电烙铁、吸锡器、胶枪、防静电手环等）、仪表（万用表、示波器等）。
材料：焊锡丝、助焊剂、硅脂、导线、清洗液、密封胶等。
资料：任务单、元器件手册、工艺卡片、技术图纸、安全操作规程等。
工作方法：
（1）相关资料的查阅和信息处理方法；
（2）电路原理图、PCB 图识图方法；
（3）常用电工工具的使用方法；
（4）电烙铁的使用和维护方法；
（5）万用表、示波器等仪器仪表的使用方法；
（6）CAD 绘制原理图和 PCB 图方法；
（7）常见的焊接方法和技巧；
（8）安全用电、静电防护的方法；
（9）电路性能参数的测试方法；
（10）PCB 清洗方法和废液的处理方法。
劳动组织方式：
（1）一般以个人或者小组形式工作；
（2）从项目负责人处领取工作任务；
（3）向同事、师傅或技术部门咨询；
（4）从物料部领取专用工具和材料；
（5）完工后进行调试检修；
（6）按工艺要求转化生产工艺作业文件；
（7）完工自检后交付项目负责人或客户验收。</td><td colspan="2">工作要求：
（1）能执行电子作业安全操作规程；
（2）能执行生产现场管理 6S 标准；
（3）能按电路板焊接工艺要求进行质量检测；
（4）能明确项目任务和个人任务要求，服从相关人员安排；
（5）能读懂电路原理图、PCB 图，按技术工艺要求准备生产的工具、材料、设备等；
（6）按照作业规程应用必要的静电防护和隔离措施，确保电子设备的安全；
（7）能按设计文件选用合适的工艺水平进行 PCB 图绘制；
（8）能按装配工艺要求，完成电路板组装；
（9）能按任务要求进行自检并检修；
（10）能正确填写任务单的验收项目，并交付验收；
（11）能按作业规程，作业完毕后能清点工具、人员、收集剩余材料，清理工作现场。</td></tr>
</table>

续表

课程目标
（1）根据任务书的要求，认真识读电路原理图、装配图、PCB图，查《电子元器件手册》等资料，并能核对元器件清单； （2）能与工作小组成员进行有效沟通，共同制订电路板装配计划； （3）能根据工艺文件要求，制订电路板装配和调试方案； （4）能根据工作要求准备装调工具、仪器仪表和辅助材料； （5）能判别元器件与清单中的元器件型号和规格是否相符，并能用万用表检测质量好坏和极性； （6）能按照PCB图和工艺文件要求、电子作业安全规范完成各元器件的安装和焊接； （7）能使用万用表、示波器等仪器仪表进行电路板功能检测； （8）工作任务完成后，按生产现场管理6S标准，归置物品，清理垃圾并整理现场，关闭工作台和现场电源。

学习内容
（1）电烙铁、吸锡器、镊子等常用装配工具的使用； （2）万用表、示波器等电子仪器仪表的使用； （3）电阻器、电容器、二极管等常用元器件及各集成块的规格、型号、极性及质量的检测方法； （4）元器件预处理方法和插装工艺； （5）通孔元器件安装及焊接工艺和标准； （6）功率放大电路、集成运算放大电路和555电路等基本功能和应用； （7）电压、电流、频率等电气性能参数的检测和调试方法； （8）常用电子CAD软件的安装及使用； （9）生产现场管理6S标准。

参考性学习任务

序号	名称	学时
1	OTL功率放大电路的装配与调试	40
2	电压比较器组成报警器电路的装配与调试	34
3	正弦波发生器装配与调试	28
4	555芯片组成带定时的电子门铃电路装配与调试	34

续表

教学实施建议
本课程可以采用上述代表性工作任务，或根据各自学校的实训条件灵活选择其他具有典型代表性的模块电路装配与调试相关工作任务，作为学习载体来完成相关知识和技能的学习。代表性工作任务的选择一定要突出模块电路装配与调试的基本知识点： （1）电烙铁、吸锡器、镊子等常用装配工具的使用； （2）万用表、示波器等电子仪器仪表的使用； （3）电阻器、电容器、二极管等常用元器件及各集成模块的规格、型号和极性及质量检测方法； （4）元件预处理方法和插装工艺； （5）通孔元器件安装及焊接工艺和标准； （6）功率放大电路、集成运算放大电路和555电路等基本功能和应用； （7）电压、电流、频率等电气性能参数的检测和调试方法； （8）生产现场管理6S标准； （9）选择其他典型工作任务要充分考虑模块电路装配与调试难度的层次递进性、实用性、趣味性和可操作性； （10）在教材的实际使用中，可根据学校师资、学生情况和设备等实际条件进行相应调整； （11）在教学过程中，电子产品组装要遵循由简单到复杂（从简单的OTL功率放大电路的装配与调试到555芯片组成带定时的电子门铃电路装配与调试）、工作要求和工作复杂度逐步递进的原则； （12）边做边学，从做中学，让感性认识与理性认识相互渗透，符合技工生的学习认知规律，基于工作过程组织教学； （13）在学生制作的过程中要强调模块电路装配与调试的安全性和规范性，强调工作过程的完整性与课程的发展开放性； （14）在本课程的学习过程中，有条件的学校可以组织学生到模块电路装配与调试的实际工作现场观摩，加深对本职业的认知，观摩后要求学生作出信息反馈； （15）教学实训实施应加强模块电路装配与调试情境的塑造，重视模块电路装配与调试的元器件识别、焊锡的选取、电烙铁的焊接方法以及模块电路的认识，能对装配好的模块电路进行简单的调试，让学生充分感知专业模块电路装配与调试工实施安装工作时的职业氛围和职业标准，从而实现模块电路装配与调试教学与现实模块电路装配与调试员岗位的零距离对接； （16）为保证教学安全和实践效果，建议每位指导老师负责组织和指导15～20位学生，学生分组控制在4～5人/组； （17）本课程相关的理论知识要融入到具体的学习任务中逐步展开，按照学生为主体、教师为引导的原则，调动学生的自主学习积极性，让学生掌握具体的职业能力； （18）在本课程的教学过程中，多采用实物展示、卡片展示、头脑风暴、情景演示等多种教学方法让学生乐于学习； （19）在教学形式上，应多利用实物、声音、视频等多媒体信息作为教学媒体，以激发学生的学习兴趣。

续表

教学考核
基本技能： (1) 电烙铁、吸锡器、镊子等常用装配工具的使用； (2) 万用表、示波器等电子仪器仪表的使用； (3) 电阻器、电容器、二极管等常用元器件及各集成模块的规格、型号和极性及质量检测方法； (4) 元器件预处理方法和插装工艺； (5) 通孔元器件安装及焊接工艺和标准； (6) 功率放大电路、集成运算放大电路和555电路等基本功能和应用； (7) 电压、电流、频率等电气性能参数的检测和调试方法； (8) 生产现场管理6S标准。 **综合素质能力：** (1) 团队的合作性； (2) 组内的纪律性； (3) 自学能力； (4) 项目完成的效率； (5) 项目的性能指标； (6) 项目的组装工艺； (7) 安全操作； (8) 符合6S管理流程。 **情感因素：** (1) 学生自主探究学习的状态； (2) 学生合作学习的状态； (3) 学生的自我感受（共鸣度、愉悦度、价值度）； (4) 与人合作的积极性。

五、“电子产品制作与调试”一体化课程标准

<table>
<tr><td>一体化课程名称</td><td>电子产品制作与调试</td><td>基准学时</td><td>204</td></tr>
<tr><td colspan="4">典型工作任务描述</td></tr>
<tr><td colspan="4">随着电子技术的快速发展，在民用、航空、军事等领域需要使用大量技术先进、性能可靠的电子产品来实现信号传输、音频视频播放等功能，这些产品都需要操作人员通过手工或自动化生产方式，按照电子行业相关标准和安全操作规范来进行组装和调试。
操作人员接到工作任务后，根据任务书的要求识读电路原理图，列出元器件清单，采购或领用电子元器件，准备装调工具、仪器仪表和辅助材料，按生产现场管理6S标准作好生产现场准备；核对元器件型号和规格，检测其质量好坏，按照PCB图和工艺文件要求，严格遵守电子作业安全规范进行安装和焊接；组装完成后，依据原理图中各元器件电气连接关系按单元、模块和整机逐级进行检测和调试；装调合格的电子产品交付给项目负责人进行验收，并由项目负责人在工作任务书中的验收项目处签字确认；工作任务完成后，按生产现场管理规范，归置物品，清理工程垃圾并整理现场，关闭工作台和现场电源后，方可离开工作现场。</td></tr>
<tr><td colspan="4">工作内容分析</td></tr>
<tr><td>工作对象：
（1）接收工作任务，明确产品类型及装调要求；
（2）识读电子产品原理图、PCB图及相关工艺技术文件要求，确定元器件清单和安装部位；
（3）根据任务要求，制定工作计划，确定施工组织方案；
（4）采购元器件，并准备仪器仪表、装配工具和辅助材料；
（5）核对元器件的型号和规格、检测元器件的参数和性能，完成焊接等装调项目；
（6）目测或电测整机性能；
（7）检测合格后，按任务单上的验收项目进行交付验收，最后签字确认；
（8）归置物品并整理现场。</td><td colspan="2">工具、材料、设备与资料：
工具：电铁、尖嘴钳、斜口钳、镊子、螺钉旋具、吸锡器等。
材料：焊锡丝、助焊剂、硅脂、凡士林、吸锡丝、清洗剂、软导线等。
仪器设备：万用表、毫伏表、示波器、函数信号发生器、负载等。
资料：任务单（任务书）、技术图纸、技术手册、工艺文件等。
工作方法：
（1）电子元器件的识别与检测方法；
（2）手工插装工艺与焊接操作方法；
（3）手工贴装工艺与焊接方法；
（4）常见电子装调设备的操作与保养方法；
（5）电子产品的调试方法；
（6）PCB的清洗和残夜处理方法；
（7）资料收集与信息处理方法。
劳动组织方式：
（1）小批量产品一般以独立或团队组织生产，大批量产品一般以流水线的形式组织生产；
（2）从班组长或项目负责人（指导教师）处领取工作任务；
（3）与同事、上下级部门有效沟通、组织协调，创造生产条件；
（4）从仓库或物料领用处领取电子装调工具和材料；
（5）完成自检后交付项目负责人验收，归置物品并整理生产现场。</td><td>工作要求：
（1）能执行电子作业安全操作规程；
（2）能执行生产现场管理6S标准；
（3）能按电子产品相关的国家质量管理标准进行电子产品质量检测；
（4）能明确项目任务和个人任务要求，服从相关人员安排；
（5）能读懂简单电子产品原理图、PCB图，按技术工艺要求准备生产的工具、材料、设备等；
（6）能按图样、工艺要求和安全操作规程正确装配和调试；
（7）能按任务书要求目测或利用仪器仪表进行产品质量检测；
（8）能正确标注电子产品相关信息或按键功能标签；
（9）生产完毕后能清点工具、人员，收集剩余材料，归置物品、清理工程垃圾；
（10）能正确填写工作任务书的验收项目，与项目负责人有效沟通并交付验；
（11）能按企业要求自学或参加电子产品生产的新技术和新工艺培训。</td></tr>
</table>

续表

课程目标
（1）根据任务书的要求，认真识读电路原理图、装配图、PCB图，查《电子元器件手册》等资料，并能列出元器件清单； （2）能与工作小组成员进行有效沟通，共同制订电子产品装配计划； （3）能独立根据工艺文件要求，制订电子产品制作和调试方案； （4）能根据工作要求准备装调工具、仪器仪表和辅助材料； （5）能判别元器件与清单中的元器件型号和规格是否相符，并能用万用表检测质量好坏和极性； （6）能按照PCB图和工艺文件要求、电子作业安全规范完成各元器件的安装和焊接； （7）能依据原理图中各元器件电气连接关系，按单元、模块和整机逐级进行检测和调试，并确认其是否能实现功能； （8）能按任务书中验收项目要求独立自检，判断其是否满足工艺和质量标准要求； （9）工作任务完成后，按生产现场管理6S标准归置物品，清理工程垃圾并整理现场，关闭工作台和现场电源。

学习内容
（1）生产现场管理6S标准； （2）电烙铁、尖嘴钳、斜口钳等电子装配工具的选用及维护； （3）万用表、毫伏表、示波器等电子仪器仪表的使用； （4）电子产品整流电路、放大电路、PCB图和方框图的识读； （5）基本逻辑门电路、常见组合及时序逻辑电路的电路结构组成及工作原理； （6）单向晶闸管、驻极体传声器、光敏电阻等特殊元器件的规格、型号和检测； （7）NE555定时器、CD4011等集成电路的引脚功能、内部结构和检测方法； （8）通孔或贴片元器件安装及浸焊接工艺和标准； （9）电子产品的电压、电流、频率等电气性能参数的检测和调试方法； （10）PCB的设计、制作工艺和方法； （11）EWB电子电路原理图的绘制和仿真测试； （12）工艺文件的识读以及工艺卡片的填写。

参考性学习任务		
序号	名称	学时
1	快速充电器的制作与测试	34
2	声光控延时开关的制作与调试	34
3	简易电动车防盗报警器的制作与调试	34
4	四路彩色广告灯的制作与调试	34
5	八路抢答器的制作与调试	34
6	数字电子钟的制作与调试	34

续表

教学实施建议
本课程可以采用上述代表性工作任务，或根据各自学校的实训条件灵活选择其他具有典型代表性的电子产品制作与调试相关工作任务，作为学习载体来完成相关知识和技能的学习。代表性工作任务的选择一定要突出电子产品制作与调试的基本知识点： （1）生产现场管理6S标准； （2）电子产品整流电路、放大电路、PCB图和方框图的识读； （3）基本逻辑门电路、常见组合及时序逻辑电路的电路结构组成及工作原理； （4）通孔或贴片元器件安装及浸焊接工艺和标准； （5）电子产品的电压、电流、频率等电气性能参数的检测和调试方法； （6）PCB的设计、制作工艺和方法； （7）EWB电子电路原理图的绘制和仿真测试； （8）选择其他典型工作任务要充分考虑电子产品制作与调试难度的层次递进性、实用性、趣味性和可操作性； （9）在教材的实际使用中，可根据学校师资、学生情况和设备等实际条件进行相应调整； （10）在教学过程中，电子产品组装要遵循由简单到复杂（从简单的快速充电器的制作与测试到数字电子钟的制作与调试）、工作要求和工作复杂度逐步递进的原则； （11）边做边学，从做中学，让感性认识与理性认识相互渗透，符合技工生的学习认知规律，基于工作过程组织教学； （12）在学生制作的过程中要强调电子产品制作与调试的安全性和规范性，强调工作过程的完整性与课程的发展开放性； （13）在本课程的学习过程中，有条件的学校可以组织学生到电子产品制作与调试的实际工作现场观摩，加深对本职业的认知，观摩后要求学生作出信息反馈； （14）教学实训实施应加强电子产品制作与调试情境的塑造，重视电子产品制作与调试的电路仿真、PCB的制作工艺流程、电工基本知识以及贴片元器件的焊接，能对制作好的电子产品进行简单的调试，让学生充分感知专业电子产品制作与调试工实施工作时的职业氛围和职业标准，从而实现电子产品制作与调试教学与现实电子产品制作与调试员岗位的零距离对接； （15）为保证教学安全和实践效果，建议每位指导老师负责组织和指导15～20位学生，学生分组控制在4～5人/组； （16）本课程相关的理论知识要融入到具体的学习任务中逐步展开，按照学生为主体、教师为引导的原则，调动学生的自主学习积极性，让学生掌握具体的职业能力； （17）在本课程的教学过程中，多采用实物展示、卡片展示、头脑风暴、现场示范等多种教学方法让学生乐于学习； （18）在教学形式上，应多利用实物以及现场演示作为教学媒体，以激发学生的学习兴趣。

续表

教学考核
基本技能： (1) 生产现场管理6S标准； (2) 电烙铁、尖嘴钳、斜口钳等装配工具的选用及维护； (3) 万用表、毫伏表、示波器等电子仪器仪表的使用； (4) 电子产品整流电路、放大电路、PCB图和方框图的识读； (5) 基本逻辑门电路、常见组合及时序逻辑电路的电路结构组成及工作原理； (6) 单向晶闸管、驻极体传声器、光敏电阻等特殊元器件的规格、型号和检测； (7) NE555定时器、CD4011等集成电路的引脚功能、内部结构和检测方法； (8) 通孔或贴片元器件安装及浸焊接工艺和标准； (9) 电子产品的电压、电流、频率等电气性能参数的检测和调试方法； (10) PCB的设计、制作工艺和方法； (11) EWB电子电路原理图的绘制和仿真测试； (12) 工艺文件的识读以及工艺卡片的填写。 **综合素质能力：** (1) 团队的合作性； (2) 组内的纪律性； (3) 自学能力； (4) 项目完成的效率； (5) 项目的性能指标； (6) 项目的组装工艺； (7) 安全操作； (8) 符合6S管理流程。 **情感因素：** (1) 学生自主探究学习的状态； (2) 学生合作学习的状态； (3) 学生的自我感受（共鸣度、愉悦度、价值度）； (4) 与人合作的积极性。

六、"电子产品简单故障维修"一体化课程标准

一体化课程名称	电子产品简单故障维修	基准学时	380

典型工作任务描述

随着电子技术的快速发展，越来越多的家用电器进入我们的日常生活。这些家用电器在长期使用过程中由于操作不当或产品老化等原因，常常会出现故障，使电子产品不能正常使用。在这种情况下，使用者可以通过生产厂家的售后服务部门或电子产品维修部门的专业维修人员，进行维修。

专业维修人员接到工作任务后，要耐心询问电子产品的情况，查看故障现象；认真查找电路，分析电路原理图，通过相关仪器仪表确定故障点；对需要更换的电子元器件，按照电子行业相关标准和安全操作规范来进行维修；维修现场按照6S现场管理标准进行；维修完成后，交付用户进行现场认定验收并由用户在维修单上签字；工作任务完成后，按生产现场管理规范归置物品、清理垃圾并整理现场，方可离开。

工作内容分析

工作对象	工具、材料、设备与资料	工作要求
工作对象： （1）接受工作任务单，与客户进行沟通，了解报修产品种类、型号、现象及造成故障的原因； （2）认真查找电路，分析电路原理图； （3）根据任务要求，制订工作计划，确定工作方案； （4）采购或领取元器件，准备仪器仪表、工具和辅助材料； （5）进入现场，检查故障情况并使用仪器仪表确定故障点； （6）更换元器件，修复故障机，重新检测整机性能并通电试机； （7）检测合格后，按任务单上的验收项目进行交付验收，最后签字确认； （8）对客户讲解电子产品正确使用、维护、保养的知识； （9）归置物品并整理现场。	**工具、材料、设备与资料：** 工具：电烙铁、尖嘴钳、斜口钳、镊子、螺钉旋具、吸锡器、防静电手环等。 材料：焊锡丝、助焊剂、硅脂、凡士林、吸锡丝、清洗剂、软导线、热缩管、电工胶布等。 仪器设备：万用表、毫伏表、负载、隔离变压器、示波器、频谱仪、稳压电源、超声波清洗仪、带放大镜台灯、手机综合测试仪、热风枪等。 资料：任务单（派工单）、技术图纸、技术手册等。 **工作方法：** （1）电子产品外壳的拆装方法； （2）电子产品的检修方法； （3）常见仪器仪表的使用与保养方法； （4）与客户沟通方法； （5）电子产品维修单的填写方法； （6）资料收集与信息处理方法； **劳动组织方式：** （1）主要以个人独立或小组的形式进行工作； （2）从项目负责人（指导教师）处领取工作任务； （3）与同事、上级部门、客户有效沟通协调，创造工作条件； （4）购买或物料领用处领取元器件、维修工具和材料； （5）维修完成后交付客户验收，归置物品并整理工作现场。	**工作要求：** （1）能执行电子产品维修安全操作规程； （2）能执行生产现场6S管理标准； （3）能按电子产品相关的国家质量管理标准进行电子产品质量检测； （4）能明确项目任务和个人任务要求，服从相关人员安排； （5）能有效地与客户进行沟通； （6）能读懂电子产品原理图并能根据故障现象简单分析造成故障的原因； （7）能按任务单要求目测或利用仪器仪表进行故障产品检修； （8）能正确识别电子产品相关信息或按键功能标签； （9）产品维修完毕后能清点工具、人员，收集剩余材料，归置物品、清理工作垃圾； （10）能正确填写本任务单的验收项目，并交付客户验收； （11）能对客户讲解电子产品正确使用、维护、保养的知识。

续表

课程目标
（1）根据任务书的要求，认真查找、识读电路原理图、PCB图，查阅《电子元器件手册》等资料，并能简单列出功能结构方框图； （2）依据产品功能结构方框图及接口连接关系，按单元、模块和整机逐级进行检测，并确认其是否能实现功能； （3）能与工作小组成员及客户进行有效沟通，共同制订电子产品维修计划； （4）能按照电子产品的通用检修方法，根据电子产品的故障现象独立分析、检测，判断故障原因并修复； （5）能按照模块替换法的思维，利用各类产品相应的通用板进行置换维修； （6）能根据工作要求准备材料、工具、仪器仪表； （7）能按任务书中验收项目要求独立进行自检，判断其是否满足电子产品的相关技术要求； （8）产品维修后，能主动对客户讲解电子产品正确使用、维护、保养的知识； （9）工作任务完成后，按生产现场6S管理标准，归置物品，清理工作垃圾并整理现场。

学习内容
（1）生产现场6S管理标准； （2）电子产品通用检修方法； （3）电子产品相关技术资料的查找方法； （4）电子产品的拆装方法； （5）电子产品的工作原理分析； （6）通孔和贴片元器件焊接及拆焊工艺和标准； （7）电子产品日常使用、维护、保养的知识； （8）电子产品的电压、电流、频率等电气性能参数的检测和调试方法。

参考性学习任务

序号	名称	学时
1	电风扇简单故障维修	56
2	饮水机简单故障维修	56
3	通信终端简单故障维修	134
4	液晶电视机简单故障维修	134

续表

教学实施建议

本课程可以采用上述代表性工作任务，或根据各自学校的实训条件灵活选择其他具有典型代表性的电子产品简单故障维修相关工作任务，作为学习载体来完成相关知识和技能的学习。代表性工作任务的选择一定要突出电子产品简单故障维修的基本知识点：

（1）生产现场6S管理标准；

（2）电子产品通用检修方法；

（3）电子产品相关技术资料的查找方法；

（4）电子产品的拆装方法；

（5）电子产品的工作原理分析；

（6）通孔和贴片元器件焊接及拆焊工艺和标准；

（7）电子产品日常使用、维护、保养的知识；

（8）电子产品的电压、电流、频率等电气性能参数的检测和调试方法；

（9）选择其他典型工作任务要充分考虑电子产品简单故障维修难度的层次递进性、实用性、趣味性和可操作性；

（10）在教材的实际使用中，可根据学校师资、学生情况和设备等实际条件进行相应调整；

（11）在教学过程中，电子产品简单故障维修要遵循由简单到复杂（从电风扇简单故障维修到液晶电视机简单故障维修）、工作要求和工作复杂度逐步递进的原则；

（12）边做边学，从做中学，让感性认识与理性认识相互渗透，符合技工生的学习认知规律，基于工作过程组织教学；

（13）在学生工作的过程中要强调电子产品简单故障维修的安全性和规范性，强调工作过程的完整性与课程的发展开放性；

（14）在本课程的学习过程中，有条件的学校可以组织学生到电子产品故障维修的实际工作现场观摩，加深对本职业的认知，观摩后要求学生作出信息反馈；

（15）教学实训实施应加强电子产品简单故障维修情境的塑造，重视电子产品简单故障维修的故障描述、电子产品拆装、故障分析及故障维修，能对维修后的电子产品进行简单调试，让学生充分感知专业电子产品故障维修工实施工作时的职业氛围和职业标准，从而实现电子产品简单故障维修教学与现实电子产品维修员岗位的零距离对接；

（16）为保证教学安全和实践效果，建议每位指导老师负责组织和指导15～20位学生，学生分组控制在4～5人/组；

（17）本课程相关的理论知识要融入到具体的学习任务中逐步展开，按照学生为主体、教师为引导的原则，调动学生的自主学习积极性，让学生掌握具体的职业能力；

（18）在本课程的教学过程中，多采用故障展示、模块替换、手把手故障排查测量示范、卡片展示、头脑风暴等多种教学方法让学生乐于学习；

（19）在教学形式上，应多利用实物以及现场演示作为教学媒体，以激发学生的学习兴趣。

续表

教学考核
基本技能： （1）生产现场6S管理标准； （2）电子产品通用检修方法； （3）电子产品相关技术资料的查找方法； （4）电子产品的拆装方法； （5）电子产品的工作原理分析； （6）通孔和贴片元器件焊接及拆焊工艺和标准； （7）电子产品日常使用、维护、保养的知识； （8）电子产品的电压、电流、频率等电气性能参数的检测和调试方法。 **综合素质能力：** （1）团队的合作性； （2）组内的纪律性； （3）自学能力； （4）项目完成的效率； （5）项目的性能指标； （6）项目的组装工艺； （7）安全操作； （8）符合6S管理流程。 **情感因素：** （1）学生自主探究学习的状态； （2）学生合作学习的状态； （3）学生的自我感受（共鸣度、愉悦度、价值度）； （4）与人合作的积极性。

七、“电路技术”课程标准

（一）课程的性质与任务

“电路技术”课程是电类及相关专业的核心主干项目课程，其任务是使学生具备本专业初、中级专门人才所必需的电路基础基本知识（直流电路知识、交流电路知识、磁场与电磁感应知识、变压器知识、仪表知识、元器件知识等）和基本技能（仪表使用与制作技能、元器件识别与检测技能、常用单相交流电路的安装与测试技能、三相电源与负载的测试技能等），培养学生组装电路、测试电路、分析数据、解决问题的能力。

（二）课程设计思路

遵循“以就业为导向”的办学方针，按照构建“以能力为本位、以职业实践为主线、以项目课程为主体”的模块化专业课程体系的课程改革理念，该门课程以形成电路制作、安装和测试能力为基本目标，彻底打破学科课程的设计思路，紧紧围绕工作任务完成的需要来选择和组织课程内容，突出工作任务与知识的联系，让学生在职业实践活动的基础上掌握知识，增强课程内容与职业岗位能力要求的相关性，提高学生的就业能力。

项目选取的基本依据是本门课程所涉及的工作领域和工作任务范围，但在具体设计过程中，还以IT制造类专业的典型产品或服务为载体，使工作任务具体化，产生了具体的学习项目。其编排依据是相关职业所特有的工作任务逻辑关系，而不是知识关系。

依据工作任务完成的需要、技工类学生的学习特点和职业能力形成的规律，按照“学历证书与职业资格证书嵌入式”的设计要求确定课程的知识、技能等内容；依据学习项目的内容总量以及在该门课程中的地位分配各学习项目的课时数；学习程度主要使用“了解”“理解”“能”或“会”等用语来表述：“了解”用于表述事实性知识的学习程度，“理解”用于表述原理性知识的学习程度，“能”或“会”用于表述技能的学习程度。

（三）本课程与其他课程的关系

本课程为学习后续专业课程打下良好的基础。

（四）课程基本目标

1. 知识目标

（1）理解直流电路和交流电路的基本知识；

（2）了解磁场与电磁感应、变压器和仪表、常用元器件的知识；
（3）会使用并制作万用表、识别并检测常用元器件；
（4）能安装与测试常用单相交流电路。

2. 技能目标

通过任务引领的项目活动，使学生具备本专业的高素质劳动者和中级技术应用性人才所必需的电工电路及其电路制作与调试的基本知识和基本技能；培养学生爱岗敬业、团结协作的职业精神。

3. 情感目标

（1）培养学生严谨求实、刻苦认真、理论联系实际的科学态度；
（2）培养学生独立分析问题、解决问题的能力；
（3）培养学生小组合作、团结协作和实训作风。

（五）教学指导思想

“电路技术”以培养学生能力为主要目标，以电类相关企业用人需求为出发点，以一体化教学为导向设计教学内容与教学体系，将电工技术的理论知识与实践相结合，通过教学方法的改革、教学资源的建设、教师资队伍的建设和教学环境的建设进一步提升教学质量。

（六）教学单元与内容

项目一　万用表的组装与调试——直流电路的实训与研究

1. 内容

任务一　感知、认知直流电路
任务二　电阻串联、并联电路的实训与研究
任务三　认识电功率与电能
任务四　复杂直流电路的计算
任务五　万用表的组装与调试

2. 教学目标

【知识目标】
（1）理解电路和基本物理量的概念；
（2）掌握串联、并联电路的特点；
（3）会分析计算较简单的复杂直流电路。

【技能目标】
（1）会测量电路中的电流、电压等基本物理量；
（2）会检测电阻、电容、二极管等元器件；
（3）能用实验分析和验证电路的基本规律、定理或定律；

（4）会组装和调试指针式万用表。

【情感目标】

（1）培养理论联系实际的学习习惯与实事求是的哲学思想；

（2）培养学生的自主性、研究性学习方法与思想；

（3）培养严谨、认真的学习态度；

（4）初步培养学生的团队合作精神，形成产品意识、质量意识、安全意识。

项目二　医院病人呼叫电路的组装与调试——磁场与电场的研究

1．内容

任务一　磁现象探究

任务二　电磁感应

任务三　互感与变压器

任务四　电场与电容

任务五　住院病人呼叫电路的组装与调试

2．教学目标

【知识目标】

（1）了解直线电流、环形电流和通电螺线管的磁场；

（2）理解磁感应强度和磁场强度的概念，掌握磁场对电流作用力的判断方法；

（3）掌握电磁感应定律及楞次定律；

（4）了解自感现象和互感现象；

（5）了解磁路及磁路欧姆定律。

【技能目标】

（1）熟悉万用表的使用方法及元器件的识别与检测方法；

（2）会结合磁场等相关理论对电路原理图进行识读与分析；

（3）会根据原理图安装、调试住院病人呼叫电路。

【情感目标】

（1）培养理论联系实际的学习态度与哲学思想；

（2）培养自主性、研究性的学习方法；

（3）培养严谨、认真的学习态度；

（4）初步形成团队合作的工作精神，并初步培养产品意识、质量意识与安全意识。

项目三　照明电路的设计与安装——单相交流电的实训与研究

1. 内容

任务一　单相正弦交流电的认识

任务二　纯电阻、电感、电容电路的实训

任务三　单相交流电路的实验与研究

任务四　家用照明电路的设计与安装

任务五　小型配电箱安装与测试

2. 教学目标

【知识目标】

（1）了解正弦交流电的产生，理解正弦交流电的特征，掌握正弦交流电的表示方法；

（2）掌握简单交流电路的分析方法；

（3）掌握串联谐振发生的条件与应用，了解并联谐振的特点和应用；

（4）了解功率因数的概念与提高功率因数的方法；

（5）会根据用电量、用电设备设计照明配电箱与选用导线。

【技能目标】

（1）会用 Proteus 仿真（或实验）的方法研究串联、并联交流电路的特点；

（2）会设计配电箱的容量、正确选用器件，并会安装照明电路与配电箱；

（3）会检修家用电器的简单故障；

（4）会安装与检修荧光灯电路；

（5）会使用功率表、电能表等电工仪表。

【情感目标】

（1）培养理论联系实际的学习习惯与事实求是的哲学思想；

（2）培养学生的自主性、研究性学习方法与思想；

（3）在项目学习过程中逐步形成团队合作的工作意识，培养关心爱护班集体的集体观念；

（4）在项目工作中逐步形成产品意识、质量意识、安全意识。

项目四　电力供电系统模型的制作——三相供电及安全用电基础知识

1. 内容

任务一　制作模拟三相交流电源

任务二　构建电力系统的模型

任务三　安全用电活动策划

任务四　触电急救

2. 教学目标

【知识目标】

(1) 熟悉三相交流电源的产生及特点;

(2) 掌握三相四线制电源的接线;

(3) 掌握中性线的作用;

(4) 掌握不同电流对人体的伤害程度;

(5) 理解保护接零、保护接地和等电位联结的方法和意义;

(6) 了解安全用电、电气消防知识和几种常用灭火器的特点和使用原则。

【技能目标】

(1) 会对三相电源进行连接;

(2) 会用仿真软件安装星形、三角形联结电路,并能测量各路电流、电压;

(3) 能在用电过程中采取适当的保护措施;

(4) 能对触电状况作出正确的判断和采取适当的急救措施;

(5) 能对器件进行接地保护。

【情感目标】

(1) 逐步形成理论联系实际的学习习惯与哲学思想;

(2) 逐步培养学生学习的自主性、研究性;

(3) 在项目学习过程中逐步形成团队合作精神,培养关心爱护班集体的道德素养;

(4) 在项目工作中逐步形成产品意识、质量意识,强化安全意识,培养对科学的求知欲,提高安全用电意识;

(5) 养成救死扶伤、爱护国家财产的良好美德。

(七) 技能考核要求

通过本课程的学习,应达到认识电工电路,熟练使用电工仪器仪表、电工工具,安装与测试常用电工电路的要求。

(八) 实施建议

(1) 在教学过程中,应立足于加强学生实际操作能力的培养,采用项目教学,以工作任务引领提高学生学习兴趣,激发学生的成就动机。

(2) 本课程教学的关键是现场教学,以产品为载体,在教学过程中,教师示范和学生分组操作训练互动,学生提问与教师解答、指导有机结合;让学生在"教"与"学"过程中,认识电工电路,熟练使用电工仪器仪表、电工工具,安装与测试常用电工电路。

(3) 在教学过程中,要创设工作情景,同时应加大实验实训的容量,要紧密结合职业技术工种的考证，加强考证要求部分的实训。这样，一方面加强学生的电工技能，另一方面也可提高学生的岗位适应能力。

（4）在教学过程中，要注重课程资源的积累与使用，提高课堂教学效率，尤其是对于部分设备及元器件的内部结构甚至是微观结构，可以通过挂图、多媒体课件等有效地化解教学难点。

（5）本课程提供的实验项目及实训内容较多，在进行教学时，可结合本校先开的技能训练以及后续的实践性教学项目，对本课程的实训项目作灵活处理。部分实践内容可借助仿真软件来模拟。

（6）在教学过程中，教师一定要积极引导学生提升职业素养，提高职业道德，培养团结协作精神。

（九）学习评价

（1）改革传统的学生评价手段和方法，采用阶段评价、目标评价、项目评价、理实一体化评价等模式。

（2）关注评价的多元性，结合课堂提问、学生作业、平时测验、实验实训、技能竞赛及考试情况，综合评价学生成绩。

（3）应注重学生动手能力和在实践中分析问题、解决问题能力的考核，对在学习和应用上有创新的学生应给予特别鼓励，全面综合评价学生能力。

（4）本课程的考核，要综合技能考核、学习过程考核和理论考核三方面来进行，建议配比为5∶3∶2；即技能考核占50%，学习过程考核占30%，理论考核占20%。

八、“电子焊接工艺”课程标准

（一）课程的性质与任务

“电子焊接工艺”课程是电类及相关专业的核心主干课程，通过对学生进行电子焊接工艺的理论和实践一体化教学，让学生掌握电子焊接工艺技术、主要设备的基本操作，掌握电子焊接工艺流程和工艺规范，能够进行产品工艺文件的编制和基本的工艺技术管理，逐步成为能组织电子产品生产、能解决电子企业生产现场技术问题的技术骨干；培养学生理论联系实际、根据企业实际条件决定生产工艺方案的管理意识，树立质量第一的观点和分工协作的团队意识和严肃认真、一丝不苟的严谨作风；同时为后续专业课程的学习及技能提高提供有力的支撑。

（二）课程设计思路

课程设计体现以职业需求的工作过程为导向，以能力为目标，以项目任务为课程训练载体，以工学结合为平台，以学生为教学主体，理论与实践一体化的全新教学理念；本课程的教学情景真实、过程可操作、结果可检验；教学实施过程采用任务驱动的方法，以行动导向组织教学，以能力点为训练单元，理论实践一体化地开展教学活动；学生带着任务和问题学知识、练技能，可大大提高学生的学习效率。

课程内容体系结构上注重理论与实践相结合，教学内容实用性更强。课程由三个模块牵引：电子焊接技能基础、直插式元器件的焊接和拆焊技术、贴片式元器件的安装和拆装技术。每个模块中又包含若干个工作任务。课程内容选取的基本思路是以工作过程为导向，课程设计体现以职业发展为需求，以培养学生的职业能力为目标，以项目任务为课程训练载体，通过各项目任务带动电子产品——循环彩灯的设计与制作、万能充电器的制作，充分感受电子焊接工艺的重要性。

（三）本课程与其他课程的关系

前导课程：电路技术；后续课程：模拟电子技术、数字电子技术。

（四）课程基本目标

1. 能力目标

懂得电阻、电容、晶体管、变压器等常用元器件的识别、检测与选择；

能操作规范并熟练使用测量工具；

会选择合适的手工焊接工具及材料；

能正确使用各种焊接工具；

能将常用元器件加工成型并合理地插装在印制电路板上；
能熟练掌握电路的焊接方法及拆焊方式；
能设计和制作循环彩灯，并能排除电路故障；
能制作万能充电器，并掌握其维修方法与技巧。

2. 知识目标

熟悉安全用电及文明操作的规章制度；
熟练掌握常用电路元器件的名称、符号、类型、用途和检测方法；
熟悉电子手工焊接需准备的工具和材料；
熟练掌握电子常用直插式元器件的装配及焊接工艺；
熟练分析循环灯电路原理；
熟悉常用贴片式元器件的装配、焊接及拆焊工艺；
懂得分析万能充电器的原理，并懂得其制作与维修。

3. 其他目标

养成正确使用焊接工具和选择焊接材料的习惯；
培养文献检索、资料查找与阅读能力；
培养团队精神与协作能力，使学生具有一定的岗位意识及岗位适应能力；
培养学生严谨求实、刻苦认真、理论联系实际的科学态度；
培养学生独立分析问题、解决问题的方法能力；
规范安全操作行为并养成良好的环境保护意识。

（五）教学指导思想

“电子焊接工艺”以培养学生能力为主要目标，以电类相关企业用人需求为出发点，以项目教学为导向设计教学内容与教学体系，将电子焊接技术的理论知识与实践相结合，通过教学方法的改革、教学资源的建设、教师资队伍的建设和教学环境的建设进一步提升教学质量。

（六）教学内容、重难点及学时分配

1. 课程教学内容

教学内容	教学要求	重点（☆）	难点（△）	学时安排	建议课时
第一章　电子焊接技能基础				24	58
项目一　安全用电及文明操作	A	☆		4	
项目二　万用表的认识与使用	A	☆		4	
项目三　常用元器件的识别与检测	A	☆		16	
第二章　直插式元器件的焊接与拆焊技术				58	
项目四　手工焊接技能	A	☆	△	22	
项目五　元器件引脚成形加工	B	☆		6	
项目六　印制电路板元器件的插装与焊接	A			8	
项目七　循环彩灯的设计与制作	A	☆		16	
项目八　拆焊技术	A	☆	△	6	
第三章　贴片式元器件的安装与拆装技术				58	
项目九　认识表面贴装技术（SMT）	B	☆		10	
项目十　贴片元器件的安装	A	☆	△	22	
项目十一　万能充电器的制作	A	☆		16	
项目十二　贴片元器件的拆装技术	A	☆	△	10	
合计				140	

（教学要求：A—熟练掌握，B—掌握，C—了解）

2. 教学要求

序号	课题	知识要求	能力要求	教学建议
1	第一章　电子焊接技能基础	掌握电子元器件的符号、特性及用途	熟悉安全用电及文明操作的规章制度；能识别常用元器件的种类；会用万用表测量常用元器件的阻值及好坏	采用任务引入、“做中学、学中教”的教学模式

续表

序号	课题	知识要求	能力要求	教学建议
2	第二章　直插式元器件的焊接与拆焊技术	（1）能根据需要选择合适的焊接工具及焊料等相关材料 （2）掌握直插式元件焊接的操作步骤及焊接质量的评定及分析	会对元器件进行合理化、规范化的整形；会用电烙铁对电子元器件进行焊接和拆焊，能灵活使用焊接和拆焊工具	采用任务引入、“做中学、学中教”的教学模式
3	第三章　贴片式元器件的安装与拆装技术	（1）能根据需要选择合适的焊接工具及焊料等相关材料 （2）熟悉贴片式元器件拆装技巧 （3）了解 SMT 技术	会对元器件进行合理化、规范化的矫正；会用热风枪对电子元器件进行焊接和拆焊，能灵活使用各种焊接工具	采用任务引入、“做中学、学中教”的教学模式

3. 课程组织安排说明

采用知识、理论、实践一体化，“教、学、做”一体化的教学组织方式：实践先行，老师带领学生完成任务，在完成任务过程中，讲解运用的知识及方法；完成任务后，归纳总结上升至系统的理论；最终要求学生“理解、记忆、应用”；讲练结合，互动式教学。

（七）教学方法与教学手段

1. 体验法——解决“会不会”的问题

由于电子焊接技术属于流水作业，因此不论是校内生产实训还是校外实习，学生都必须在生产过程中体会和锻炼基本的操作技能，解决“会不会”的问题。

2. “解剖麻雀”法——解决“懂不懂”的问题

电子产品焊接过程是一个教学过程。通过解剖各种元器件焊接工艺的不同，从而掌握各种焊接技术的焊接技巧，并熟悉其他相关专业知识。

3. “师带徒”的教学方法——解决“实不实”的问题

电子元器件焊接过程对操作技能的熟练性、准确性和规范性要求较高。由于学生均为新手，平时没有经过这方面的训练，这就要求指导者与学生之间不仅是师生关系，更是师徒关系；教学中要教育学生以工人师傅为师，放下身段，虚心请教；这种方法旨在解决“实不实”的问题。

4. 任务驱动、项目导向的方法——解决“深不深”的问题

“电子焊接工艺”课程采用任务驱动、项目导向的方法；通过一个个不同的任务，解决产品设计和制作过程中的各个问题，提高学生对所学知识的灵

活应用能力，解决“深不深”的问题。

通过以上几种教学方法把枯燥的电子理论与实践有机结合，应用“做中学”的课堂教学模式来激发并提高学生的学习兴趣和参与教学的主动性、积极性，让学生体会动手的快乐，在“做”中领会知识的重要性。

（八）教学评价建议

评价的手段和形式应多样化，将过程评价与结果评价相结合，定性与定量相结合，充分关注学生的个性差异，发挥评价的激励作用，保护学生的自尊心和自信心。

1. 对学生学习过程的评价

对学生学习过程的评价包括参与教学活动的程度、自信心、合作交流的意识、独立思考的习惯、解决专业问题水平等方面；建立项目考核卡，以每个项目工作任务的过程和完成的结果作为考核的主要依据。

2. 评价学生的基础知识和基本技能

对基础知识和基本技能的评价，应遵循本课程标准的基本理念，以知识和技能目标为基准，考察学生对基础知识和基本技能的理解和掌握程度；对基础知识和基本技能的评价应结合工作任务的实际，注重解决问题的过程；能够解释生产过程中出现的一些现象，并采取必要措施以提高产品质量。

3. 评价方式要多样化

本课程以书面考试的形式考查学生的基础知识和基本技能，以项目的工作过程考查学生思维的深刻性及与他人合作交流的情况，以考查学生在某一阶段的进步情况，以学生在实践过程中的表现考查学生的操作技能。

4. 考核成绩

采用平时考核、技能测试、理论测试相结合的形式。

（1）平时考核（40%）：主要从实训结合教学过程、作业情况、项目实际操作情况、项目测试报告质量等方面全方位考核评价，包括学习全过程中的参与讨论情况、观察和发现问题情况、作业与出勤情况、学生自我评价、教师评价和学生互评等。

（2）技能测试（30%）：按照岗位技能要求，对不同技能分别制定考核标准，共出 8 份以上的技能试卷，并分别按标准对学生基本操作技能进行严格考核、评价；考核时以抽签方式决定学生个人考核的技能试卷；评分标准分为五个部分：硬件接线布局及焊接技能考核标准、操作测试技能考核标准、故障查找及排除技能考核标准、数据及波形记录考核标准及相关问题分析讨论考核标准。

（3）理论测试（30%）：课程理论和实践知识的闭卷笔试，以检验学生对基础知识和必备知识的掌握情况。

（九）本课程所需教学环境与教学设备配备

（1）教学环境：一体化教室。

（2）教学设备配备：示波器、信号发生器、万用表、稳压电源等仪器仪表，电烙铁、热风枪等焊接工具（每位同学一套），电教平台及实物投影仪等。

九、“模拟电子技术”课程标准

（一）课程的性质与任务

“模拟电子技术”课程是电类及相关专业的核心主干课程。通过本课程的学习使学生深入学习电子元器件的用途及特性、电子线路及其基本应用，熟练掌握电子基本技能，培养学生组接电路、测试电路、分析数据、解决问题的能力，同时为后续专业课程的学习及技能提高提供有力的支撑。

（二）课程设计思路

课程设计体现以职业需求的工作过程为导向，以能力为目标，以项目任务为课程训练载体，以工学结合为平台，以学生为教学主体，理论与实践一体化的全新教学理念。本课程的教学情景真实、过程可操作、结果可检验；教学实施过程采用任务驱动的方法，以行动导向组织教学，以能力点为训练单元，理论实践一体化地开展教学活动；学生带着任务和问题学知识、练技能，可大大提高学生的学习效率。

课程内容体系结构上注重理论与实践相结合，教学内容实用性更强。课程由9个项目牵引：二极管整流电路的制作、晶体管及其基本放大电路、场效应晶体管放大电路、负反馈放大电路、低频功率放大电路、集成运算放大电路、正弦波振荡器、直流稳压电源制作、晶闸管电路。每个模块中又包含若干个工作任务。课程内容选取的基本思路是以工作过程为导向，课程设计体现以职业需求的，以培养学生的职业能力为目标，以项目任务为课程训练载体，通过各项目任务带动学生学习积极性。

（三）本课程与其他课程的关系

前导课程：电工基础；后续课程：数字电子技术、接口技术。

（四）课程基本目标

1. 知识目标

（1）掌握模拟电子技术单元电路的组成、工作原理及特点；

（2）掌握电子元件的符号、特性及用途。

2. 技能目标

（1）会用万用表检测电阻、电容、二极管、晶体管；

（2）会用稳压电源、信号发生器、示波器。

3. 情感目标

（1）培养学生严谨求实、刻苦认真、理论联系实际的科学态度；

（2）培养学生独立分析问题、解决问题的能力；

(3) 培养学生小组合作、团结协作和实训作风。

(五) 教学指导思想

"模拟电子技术"以培养学生能力为主要目标，以电类相关企业用人需求为出发点，以一体化教学为导向设计教学内容与教学体系，将模拟电子技术的理论知识与实践相结合，通过教学方法的改革、教学资源的建设、教师资队伍的建设和教学环境的建设进一步提升教学质量。

(六) 教学内容、重难点及学时分配

1. 课程教学内容

教学内容	教学要求	重点(☆)	难点(△)	学时安排	建议课时
项目一　二极管整流电路的制作					60
任务一　认识半导体二极管	A	☆		6	
任务二　整流电路制作	A	☆		6	
项目二　晶体管及其基本放大电路					
任务一　认识半导体晶体管	A	☆		2	
任务二　基本共发射极放大电路的连接与静态调试	A	☆	△	4	
任务三　基本共发射极放大电路测试与分析	A	☆	△	3	
任务四　静态工作点稳定的放大电路的测试与分析	A	☆	△	2	
项目三　场效应晶体管放大电路					
任务一　认识场效应晶体管	C			1	
任务二　场效应晶体管放大电路的测试	B	☆		5	
项目四　负反馈放大电路					
任务一　认识负反馈放大电路	B			2	
任务二　负反馈放大电路的连接与调试	A	☆		4	
任务三　负反馈放大电路的测试与分析	A	☆	△	6	
项目五　低频功率放大电路					
任务一　认识功率放大电路	A	☆		1	
任务二　OCL 功率放大电路的安装与调试	A		△	5	
任务三　OTL 功率放大电路的安装与调试	A	☆	△	3	

续表

教学内容	教学要求	重点（☆）	难点（△）	学时安排	建议课时
任务四　集成功率放大电路的安装与调试	A	☆	△	3	60
项目六　集成运算放大电路					
任务一　认识运算放大电路	B			1	
任务二　反相放大器与同相放大器的安装与调试	A	☆	△	5	
任务三　加法器的制作与调试	A	☆	△	6	
项目七　正弦波振荡器					
任务一　认识正弦波振荡器	A				
任务二　RC 正弦波振荡电路的制作与调试	A	☆		5	
任务三　LC 正弦波振荡电路的制作与调试	B			3	
任务四　石英晶体振荡器的制作与调试	A	☆		3	
项目八　直流稳压电源					
任务　直流稳压电源的制作与调试	A	☆		6	
项目九　晶闸管电路					
任务一　认识单向晶闸管和双向晶闸管	A			2	
任务二　双向晶闸管交流调压电路的制作	B			4	
合计				96	

（教学要求：A—熟练掌握，B—掌握，C—了解；技能要求：A—熟练掌握，B—掌握，C—了解）

2. 教学要求

序号	课题	知识要求	能力要求	教学建议
1	项目一　二极管整流电路的制作	（1）熟悉二极管的外形、符号、主要特性 （2）掌握桥式全波整流电路的工作原理	（1）会用万用表判断二极管的极性与好坏 （2）会用示波器测量整流电路重要电压波形	采用任务引入，“做中学、学中教”的教学模式

续表

序号	课题	知识要求	能力要求	教学建议
2	项目二　晶体管及其基本放大电路	(1) 熟悉晶体管的外形、符号、主要特性 (2) 掌握晶体管组成的放大电路的工作原理	(1) 会用万用表判断晶体管的极性与好坏 (2) 会用万用表、示波器对电路进行测量	采用任务引入，“做中学、学中教”的教学模式
3	项目三　场效应晶体管放大电路	(1) 认识场效应晶体管的分类及电路符号 (2) 掌握场效应晶体管的基本工作原理	会用万用表、示波器对放大电路进行测量分析	采用任务引入，“做中学、学中教”的教学模式
4	项目四　负反馈放大电路	(1) 认识负反馈电路的类型；掌握正确判别负反馈电路反馈类型的方法 (2) 认识负反馈对放大电路性能的影响	会用万用表、示波器对负反馈放大电路进行测量分析	采用任务引入，“做中学、学中教”的教学模式
5	项目五　低频功率放大电路	(1) 认识功率放大电路的类型 (2) 掌握 OTL 功率放大电路的工作原理	会用万用表、示波器对功率放大电路进行测量分析	采用任务引入，“做中学、学中教”的教学模式
6	项目六　集成运算放大电路	(1) 认识集成运算放大器的电路结构 (2) 掌握集成运算放大电路的特点及性能	会用万用表对集成运算放大电路进行测量分析	采用任务引入，“做中学、学中教”的教学模式
7	项目七　正弦波振荡器	(1) 认识正弦波振荡器的分类 (2) 掌握正弦波振荡电路的组成、元件作用及振荡条件	会用万用表、示波器对正弦波振荡电路进行测量分析	采用任务引入，“做中学、学中教”的教学模式
8	项目八　直流稳压电源	(1) 认识直流稳压电源的功能和分类 (2) 掌握直流稳压电源的工作原理	会用万用表、示波器对直流稳压电路进行测量分析	采用任务引入，“做中学、学中教”的教学模式
9	项目九　晶闸管电路	(1) 认识单向、双向晶闸管的电路符号、文字符号及其主要参数 (2) 掌握单向、双向晶闸管的导电特性	会用万用表检测晶闸管的引脚和判断质量	采用任务引入，“做中学、学中教”的教学模式

3. 课程组织安排说明

采用知识、理论、实践一体化，“教、学、做”一体化的教学组织方式：实践先行，老师带领学生完成任务，在完成任务过程中，讲解运用的知识及方法；完成任务后，归纳总结上升至系统的理论；最终要求学生“理解、记忆、应用”；讲练结合，互动式教学。

（七）教学方法与教学手段

从本课程的教学特点出发，从激发学生的学习兴趣和强烈的求知欲开始，将理论知识与实践相结合，把“模拟电子技术”理论书本的章节“单元化”，即以每个单元电路为依托，把枯燥的电子理论与实践有机结合，应用“做中学”的课堂教学模式来激发并提高学生的学习兴趣和参与教学的主动性、积极性，让学生体会动手的快乐，在“做”中领会知识的重要性。

（八）教学评价建议

1. 期末考核评价及方式

期末考核理论部分采用闭卷笔试。

2. 教学过程评价

教学过程评价包括综合项目制作成绩、任务成绩、作业成绩。

3. 课程成绩形成方式

课程成绩为笔试占40%，项目完成过程占25%，过程评价占20%、提问占15%。

（九）本课程所需教学环境与教学设备配备

（1）教学环境：一体化的教室；

（2）教学设备配备：示波器、信号发生器、稳压电源等仪表仪器，电烙铁等焊接工具（每位同学一套），电教平台及实物投影仪等。

十、“电子测试技术”课程标准

（一）课程的性质与任务

“电子测试技术”是电子技术应用类专业学生必修的一门技术基础课。通过本课程的学习，学生可熟练掌握机电设备运行及维修过程中常用电子测量仪器仪表的使用，掌握利用参数测量技术分析判断电子产品质量的技能。同时，本课程作为一门电子技术应用类专业的技术课，还要求学生对仪表的结构、性能、选择、维修有所了解；本课程是电子产品加工生产环节以及日常设备运行中必需的检测、调试、维修手段与工具，对学生的基本专业认知及素质养成也有重要意义。

（二）课程设计思路

以适用于电子技术应用类专业的基本电子测量仪表使用和电路参数测量为主体体系，适当侧重于电子测量理论。考虑技工院校直接面向生产岗位的特点，安排与实际工业生产相关的实训内容。实际讲授时，针对专业需要可适当调整，淘汰落后的仪器或生产中应用较少的仪器仪表。根据学时及专业特点，可适当增加其他电子测量仪器，如计数器及其他非电量检测仪等以拓展学生视野。

（三）本课程与其他课程的关系

前导课程：电工基础、模拟电子技术、数字电子技术、计算机硬件原理等；后续课程：实践性、应用性课程，如技能鉴定实训、电子技术实训等。

（四）课程基本目标

1. 知识目标

了解基本的测量、测试理论知识；

了解各电子测量仪器的结构、原理及性能对比；

能够对仪表进行简单的校对；

会进行测量计算及误差的计算；

熟悉电子测试操作基本规范。

2. 技能目标

会进行仪器的日常维护；

针对具体的某项测量能熟练地进行仪器选型；

能够维修简单的仪表故障；

能熟练使用仪表进行测量。

3. 情感目标

（1）培养学生严谨求实、刻苦认真、理论联系实际的科学态度；

（2）培养学生独立分析问题、解决问题的能力；

（3）培养学生小组合作、团结协作和实训作风。

（五）教学指导思想

“电子测试技术”以培养学生能力为主要目标，以相关企业人才需求为出发点，以一体化教学为导向设计教学内容与教学体系，将电子测试技能与具体工作岗位相结合，通过教学方法的改革、教学资源的建设、教师资队伍的建设和教学环境的建设进一步提升教学质量。

（六）教学内容、重难点及学时分配

1. 课程教学内容

教学内容	教学要求	重点（☆）	难点（△）	建议总课时（实＋理）
模块一　电子测试基本理论				78
任务一　测量与计量的基本概念	B			
任务二　电子测试的基本内容与特点	A			
任务三　电子测试的基本方法	B			
任务四　测量误差分析与数据处理	B			
任务五　常用仪表基本构成及应用	A	☆	△	
模块二　电流电压信号的测试技术				
任务一　掌握万用表的原理和使用	A	☆		
任务二　掌握电压表的原理和使用	A	☆		
任务三　掌握示波器波形测量的原理	A	☆	△	
任务四　电信号测量中的影响因素	B			
任务五　电子元器件特性测试	A	☆		
任务六　晶体管放大电路的测量	A	☆		
任务七　音频功率放大电路测试	A	☆	△	
模块三　集成芯片及逻辑电路测试技术				
任务一　数字逻辑电路基础知识	A			
任务二　A/D转换及数字仪表	A	☆	△	
任务三　逻辑门电路参数测试	A	☆		
任务四　编码译码器功能测试	A	☆	△	
任务五　逻辑分析仪及逻辑电路测试	C			

续表

教学内容	教学要求	重点（☆）	难点（△）	建议总课时（实＋理）
模块四　电子产品系统测试技术				78
任务一　信号发生器结构及使用	A			
任务二　手机性能测试技术	A	☆	△	
任务三　液晶显示器测试技术	A	☆		
任务四　虚拟仪器及自动化测试	B			

（教学要求：A—熟练掌握，B—掌握，C—了解；技能要求：A—熟练掌握，B—掌握，C—了解）

2. 教学要求

序号	课题	知识要求	能力要求	教学建议
1	模块一　电子测试基本理论	了解电子测量仪表的主要内容及发展过程与趋势	掌握测量误差、仪表误差概念及表示方法；掌握数据处理的方法；了解误差的统计分析	采用讲授为主、结合具体计算分析练习等教学模式
2	模块二　电流电压信号的测试技术	（1）掌握电流、电压信号的测试原理 （2）了解电流表、电压表的测量原理	掌握电子产品中电流、电压信号的测试技术；能够对电流表、电压表进行扩程改造	采用任务引入、“做中学、学中教”的教学模式
3	模块三　集成芯片及逻辑电路测试技术	（1）掌握电桥平衡原理 （2）掌握利用电桥法进行参数测量的方法 （3）熟悉模拟万用表结构及原理	能够利用电桥法进行电路参数的测量，能够对模拟万用表进行维修和改造，熟练掌握模拟万用表的使用技术	采用任务引入、“做中学、学中教”的教学模式
4	模块四　电子产品系统测试技术	（1）熟悉各种测试信号的类型及特点 （2）掌握信号的周期、频率等参数及测量方法 （3）了解D/A转换及数字化	熟练掌握信号发生器、示波器的使用方法；掌握数字仪表的使用技能；能够完成各项实训题目的测量内容	采用任务引入、“做中学，学中教”的教学模式

3. 课程组织安排说明

采用理论、实践一体化的教学组织方式，将理论知识的讲解结合到具体仪器设备上，同时安排实践任务，在完成任务过程中，讲解运用的知识及方法；完成任务后，归纳总结上升至系统的理论；最终要求学生“理解、记忆、应用”，讲练结合，互动式教学。

（七）教学方法与教学手段

1. 倡导“任务型”的教学途径，培养学生综合运用能力

教师应依据课程的总体目标并结合教学内容，创造性地设计贴近学生实际的教学活动，吸引和组织他们积极参与；学生通过思考、调查、讨论、交流和合作等方式，完成学习任务。

在设计“任务型”教学活动时，教师应注意以下几点：

（1）活动要有明确的目的并具有可操作性；

（2）活动要以学生的生活经验和兴趣为出发点，内容和方式要尽量真实；

（3）活动要有利于学生学习技能，从而提高实际运用能力；

（4）活动应积极促进与其他学科间的相互渗透和联系，使学生的思维和想像力、协作和创新精神等综合素质得到发展。

2. 加强对学生学习策略的指导，为他们终身学习奠定基础

使学生养成良好的学习习惯和形成有效的学习策略是重要任务之一。教师要有意识地加强对学生学习策略的指导，让他们在学习和运用过程中逐步学会如何学习。教师应做到：

（1）积极创造条件，让学生参与制订阶段性学习目标以及实现目标的方法；

（2）引导学生结合实际工作情景，采用推测、查阅或询问等方法进行学习；

（3）设计探究式的学习活动，促进学生实践能力和创新思维的发展；

（4）引导学生运用观察、发现、归纳和实践等方法提高学生技能；

（5）引导学生在学习过程中进行自我评价并根据需要调整自己的学习目标和学习策略。

3. 利用现代教育技术，拓宽学生学习的渠道

教师要充分利用现代教育技术，拓宽学生学习渠道，改进学生学习方式，提高教学效果。在条件允许的情况下教师应做到：

（1）利用音像和网络资源等，丰富教学内容和形式，提高课堂教学效果；

（2）利用计算机和多媒体教学软件，探索新的教学模式，促进个性化学习。

（八）教学评价建议

评价的手段和形式应多样化，将过程评价与结果评价相结合，定性与定

量相结合，充分关注学生的个性差异，发挥评价的激励作用，保护学生的自尊心和自信心。

1. 对学生学习过程的评价

对学生学习过程的评价包括参与教学活动的程度、自信心、合作交流的意识，独立思考的习惯，解决专业问题水平等方面。建立项目考核卡，以每个项目工作任务的过程和完成的结果作为考核的主要依据。

2. 评价学生的基础知识和基本技能

对基础知识和基本技能的评价，应遵循本课程标准的基本理念，以知识和技能目标为基准，考察学生对基础知识和基本技能的理解和掌握程度；对基础知识和基本技能的评价应结合工作任务的实际，注重解决问题的过程；能够解释生产过程中出现的一些现象，并采取必要措施以提高产品质量。

3. 评价的主体和方式要多样化

本课程以书面考试的形式考查学生的基础知识和基本技能，以项目的工作过程考查学生思维的深刻性及与他人合作交流情况，以考查学生在某一阶段的进步情况，以学生在实践过程中的表现考查学生操作技能。

4. 考核成绩

采用期末考试、项目过程性考核、平时成绩相结合的形式。

方式1：期末考试占40%，项目过程性考核占40%，平时成绩占20%。

方式2：理论考试占40%，项目过程性考核占30%，企业实践占30%。

评价与分析：见综合评价样表。

<table>
<tr><td rowspan="3">项目</td><td colspan="3">自我评价</td><td colspan="3">小组评价</td><td colspan="3">教师评价</td></tr>
<tr><td>9～10</td><td>6～8</td><td>1～5</td><td>9～10</td><td>6～8</td><td>1～5</td><td>9～10</td><td>6～8</td><td>1～5</td></tr>
<tr><td colspan="3">占总评10%</td><td colspan="3">占总评30%</td><td colspan="3">占总评60%</td></tr>
<tr><td>收集信息</td><td></td><td></td><td></td><td></td><td></td><td></td><td></td><td></td><td></td></tr>
<tr><td>工程绘图</td><td></td><td></td><td></td><td></td><td></td><td></td><td></td><td></td><td></td></tr>
<tr><td>作品质量</td><td></td><td></td><td></td><td></td><td></td><td></td><td></td><td></td><td></td></tr>
<tr><td>表达能力</td><td></td><td></td><td></td><td></td><td></td><td></td><td></td><td></td><td></td></tr>
<tr><td>回答问题</td><td></td><td></td><td></td><td></td><td></td><td></td><td></td><td></td><td></td></tr>
<tr><td>协作精神</td><td></td><td></td><td></td><td></td><td></td><td></td><td></td><td></td><td></td></tr>
<tr><td>纪律观念</td><td></td><td></td><td></td><td></td><td></td><td></td><td></td><td></td><td></td></tr>
<tr><td>学习主动性</td><td></td><td></td><td></td><td></td><td></td><td></td><td></td><td></td><td></td></tr>
<tr><td>工作态度</td><td></td><td></td><td></td><td></td><td></td><td></td><td></td><td></td><td></td></tr>
<tr><td>小计</td><td colspan="3"></td><td colspan="3"></td><td colspan="3"></td></tr>
<tr><td>总评</td><td colspan="9"></td></tr>
</table>

（九）本课程所需教学环境与教学设备配备

（1）教学环境：一体化教室；

（2）教学设备配备：常用仪器仪表如示波器、信号发生器、毫伏表、稳压电源等，工具箱（每位同学一套），电教平台及实物投影仪等。

十一、“数字电子技术”课程标准

(一) 课程的性质与任务

随着科学技术的发展，电子技术已经渗透到社会的各个领域，成为各种信息技术的基础和关键技术，而数字电子技术更是因为计算机和各种数字化设备的普及得到了越来越广泛的应用。正因为如此，数字电子产品的调试、检验和维修工作应运而生。同时“数字电子技术”课程是电子技术应用专业重要的技术基础课，通过本课程的学习训练，使学生掌握数字电子技术的基本概念，掌握常用数字集成电路的原理和功能，掌握中小规模数字集成电路的应用；具备数字电子产品的调试、检验和维修的初步能力；能从事数字电子产品的调试、检验和维修工作，也可以为本专业学生后续学习“数字电视技术”“单片机技术”“可编程逻辑器件（PLD）的测试与维修”等其他专业课打下基础。

(二) 课程设计思路

本课程内容的选择是以满足电子信息行业的实际需求，并依据《电子技术应用专业工作任务与职业能力分析》中对单元电子电路的要求、组合电子电路的调试与检测工作领域的各项工作任务而确定。

随着电子技术的飞速发展，数字集成电路得到了广泛的应用。考虑到本课程是一门实用性很强的课程，再结合行业的实际需求，我们把培养学生的实际动手能力放在首位，在课程内容的选择标准方面，将以往的以知识传授为主要特征的传统学科课程模式，转变为以工作任务为中心而展开的课程内容，课程采用项目教学，学生在完成具体学习项目的过程中既学会如何完成相应的工作任务，又构建了相关的理论知识，也培养了电子信息行业人才所必备的职业技能。

经过深入、细致、系统地分析及论证，本课程最终确定了六个学习项目，即：逻辑笔的制作与调试、数码显示器的设计、可编程逻辑数字钟的制作与调试、电子驱蚊器的制作与调试、数字秤的制作与调试和数显电容测量仪的制作与调试。这六个学习项目是按照电子技术应用专业的调试岗、检验岗工作岗位而设计的；课程要求实施项目教学，每个项目的学习都是以各种实用数字电路的制作为载体而设计的活动来进行，以工作任务为中心，实现理论与实践的一体化的教学；教学效果评价采取过程评价与结果评价相结合的方式，通过理论与实践相结合，重点评价学生的职业能力。

遵循“以就业为导向”的办学方针，按照构建以能力为本位，以职业实践为主线，以项目课程为主体的模块化专业课程体系的课程改革理念，该门课程以形成电路制作、安装和测试能力为基本目标，彻底打破学科课程的设计思路，紧紧围绕工作任务完成的需要来选择和组织课程内容，突出工作任务与知识的联系，让学生在职业实践活动的基础上掌握知识，增强课程内容与职业岗位能力要求的相关性，提高学生的就业能力。

项目选取的基本依据是本门课程所涉及的工作领域和工作任务范围，但在具体设计过程中，还以IT制造类专业的典型产品或服务为载体，使工作任务具体化，产生了具体的学习项目；其编排依据是相关职业所特有的工作任务逻辑关系，而不是知识关系。

（三）本课程与其他课程的关系

本课程为学习后续专业课程打下良好的基础。

（四）课程基本目标

本课程旨在使学生掌握数字电子技术的基础知识，掌握简单数字电路的分析和设计方法，掌握常用数字集成电路的原理和功能，初步学会简单数字系统的调试和简单故障的查找；培养学生数字集成电路的应用能力，培养他们耐心细致的工作作风和团结协作的精神；养成诚实、守信、吃苦耐劳的品德，善于动脑，勤于思考，及时发现问题的学习习惯，善于沟通和互相合作的团队意识，爱护仪器设备的良好习惯；培养安全操作的意识。

1. 知识目标

（1）掌握常用计数进制和常用BCD码；

（2）掌握逻辑函数及其化简；

（3）掌握TTL门电路、CMOS门电路的特点和常用参数；

（4）理解常用组合逻辑电路的原理，掌握其功能；

（5）理解JK触发器和D触发器的工作原理，掌握其逻辑功能；

（6）理解常用时序逻辑电路的原理，掌握其功能；

（7）掌握555集成定时器的工作原理和逻辑功能；

（8）掌握集成A/D、D/A转换器的功能。

2. 技能目标

（1）能正确使用各种类型的集成门电路，并能利用集成门电路制作一定功能的组合逻辑电路；

（2）能正确使用常用的中规模组合逻辑电路；

（3）会使用触发器、寄存器、移位寄存器和常用的中规模集成计数器；

（4）能借助于仪器仪表，对小型数字系统的故障进行检测和维修。

3. 情感目标

（1）培养学生耐心细致、吃苦耐劳的工作作风；认真负责的工作态度；

（2）培养学生诚实守信、实事求是的优良品德；

（3）使学生养成不断进取、勤于思考的良好学习习惯；

（4）培养学生工作中善于与他人配合的团队合作精神。

4. 教学指导思想

“数字电子技术”以培养学生能力为主要目标，以电类相关企业用人需求为出发点，以一体化教学为导向设计教学内容与教学体系，将电工技术的理论知识与实践相结合，通过教学方法的改革、教学资源的建设、教师资队伍的建设和教学环境的建设进一步提升教学质量。

（五）教学单元与内容

序号	工作任务	知识要求	技能要求	建议课时
1	逻辑笔的制作与调试	（1）计数进制及其相互转换 （2）常用的 BCD 码 （3）与、或、非等常用的逻辑函数 （4）逻辑函数及其表示法 （5）逻辑代数的公式和运算法则 （6）逻辑函数的公式化简法 （7）逻辑函数的卡诺图化简法 （8）二极管、晶体管的开关特性 （9）TTL 门电路的特点和常用参数，理解 TTL 反相器的原理 （10）OMS 门电路的特点和常用参数 （11）常用逻辑门电路的功能	（1）不同数制进行转换 （2）一位十进制数转换为 8421 码、5421 码和余三码 （3）变量表示二进制信号 （4）逻辑函数表示实际的逻辑问题 （5）化简逻辑函数 （6）数字逻辑实验箱和万用表测量 TTL、COMS 数字集成电路的功能和常用参数 （7）数字逻辑实验箱和万用表检测小规模数字集成电路的性能 （8）懂常用 TTL 集成门电路的型号 （9）懂常用 CMOS 集成门电路的型号	60

续表

序号	工作任务	知识要求	技能要求	建议课时
2	数码显示器的设计、制作与调试	(1) 逻辑电路的分析方法 (2) 组合逻辑电路的设计方法 (3) 数据选择器的工作原理，熟悉典型器件的功能和应用 (4) 编码器的原理，掌握典型优先编码器的功能 (5) 二进制译码器的工作原理，熟悉典型二进制译码器的功能 (6) 显示译码器的工作原理，掌握其功能 (7) LED数码管显示器的原理及功能	(1) 懂逻辑图 (2) 根据逻辑图分析简单逻辑电路的功能 (3) 根据实际的逻辑问题设计出能实现其逻辑功能的最简单的逻辑电路 (4) 会使用数据选择器 (5) 会使用编码器 (6) 会用译码器实现组合逻辑函数 (7) 会正确使用显示译码器和显示器	60
3	可编程逻辑数字钟的制作与调试	(1) 掌握RS触发器的工作原理和逻辑功能 (2) 掌握JK触发器的工作原理和逻辑功能 (3) 掌握D触发器的工作原理和逻辑功能 (4) 掌握集成触发器的置0端和置1端的功能 (5) 熟悉常用集成触发器的型号	(1) 能正确使用集成JK触发器 (2) 能正确使用集成D触发器 (3) 能正确使用集成触发器的置0和置1端 (4) 能在数字逻辑实验箱上用JK触发器或D触发器制作小数字系统	
4	电子驱蚊器的制作与调试	(1) 熟悉常用脉冲波形，理解矩形波的主要参数定义 (2) 掌握集成施密特电路的功能 (3) 掌握集成单稳态电路的功能 (4) 掌握555集成定时器的工作原理和逻辑功能 (5) 熟练掌握555集成定时器的使用	(1) 能区分不同的脉冲波形 (2) 能正确使用集成单稳态触发器 (3) 能正确使用施密特触发器 (4) 能看懂555定时器的功能表 (5) 能用555定时器构成单稳态触发器、施密特触发器和多谐振荡器	

续表

序号	工作任务	知识要求	技能要求	建议课时
5	数字秤的制作与调试	（1）掌握数码寄存器的工作原理和功能 （2）掌握移位寄存器的工作原理及功能 （3）掌握二进制计数器的工作原理及功能 （4）掌握十进制计数器的工作原理及功能，掌握同步、异步计数器的特点 （5）掌握 N 进制计数器的工作原理和功能 （6）掌握中规模集成同步计数器 74LS161 的功能及使用方法 （7）熟练掌握中规模集成可逆计数器 74LS192 的功能及使用方法 （8）掌握简单中规模时序逻辑电路的分析 （9）熟悉常用中规模计数器的型号 （10）理解集成计数器的功能表 （11）理解随机存取存储器的工作原理，掌握其功能	（1）能看懂数码寄存器的功能表 （2）能正确使用数码寄存器 （3）能看懂移位寄存器的功能表 （4）能正确使用移位寄存器 （5）能看懂计数器的功能表 （6）能正确使用二进制计数器 （7）能正确使用十进制计数器 （8）能用十进制计数器构成任意进制计数器 （9）会查数字集成电路手册，能看懂所查数字集成电路的功能 （10）能看懂随机存取存储器的功能表 （11）能正确使用随机存取存储器	60
6	数显电容测量仪的制作与调试	（1）掌握 D/A 转换的基本概念 （2）掌握 D/A 转换器电路的组成，理解其工作原理，掌握集成 D/A 转换器的功能 （3）掌握 A/D 转换的基本概念 （4）掌握 A/D 转换的步骤，理解 A/D转换的基本原理 （5）理解 A/D 转换器的主要技术参数 （6）掌握典型集成 A/D 转换器的功能	（1）能看懂集成 D/A 转换器电路的引脚图 （2）能正确使用集成 D/A 转换器 （3）能看懂集成 A/D 转换器电路的引脚图 （4）能正确使用集成 A/D 转换器	

（六）技能考核要求

通过本课程的学习，应达到认识电工电路，熟练使用电工仪器仪表、电工工具，安装与测试常用电工电路的要求。

（七）实施建议

1. 教材编写或选取

（1）必须依据本课程标准编写教材，要充分体现任务引领、实践导向课程的设计思想；

（2）教材应将电子信息工作领域的各项工作任务的需要以及实际工作岗位的操作规程，并结合职业技能鉴定考证材料组织教材内容；教材中引入必须的理论知识，增加实践实做内容，强调理论在实践过程中的应用；

（3）教材应图文并茂，提高学生的学习兴趣；教材表达要精练、准确、科学；

（4）教材内容应体现先进性、通用性、实用性，要将本专业新技术、新工艺、新材料及时纳入教材，使教材更贴近本专业的发展和实际需要；

（5）教材中活动设计的内容要具体，并具有可操作性。

2. 教学建议

（1）教学中应立足于加强学生实际动手能力的培养，采用项目教学方式，激发学生的学习兴趣；

（2）提倡“做中学，学中做”，并鼓励学生大胆创新，提高学生的职业技能；

（3）在教学过程中，尽量创设工作情景，在实践过程中，使学生掌握电子信息调试、检验岗的工作内容，提高学生的岗位适应能力；

（4）在教学过程中，要重视本专业领域新技术、新工艺、新材料发展趋势，贴近企业、贴近生产；为学生提供职业生涯发展的空间，努力培养学生参与社会实践的创新精神和职业能力；

（5）教学过程中教师应积极引导学生提升职业素养，提高职业道德。

3. 教学评价

（1）改革传统的学生评价手段和方法，采用阶段评价，过程性评价与目标评价相结合，项目评价，理论与实践一体化评价模式。

（2）关注评价的多元性，结合学生学习态度、课堂提问、学生作业、平时测验、项目考核、技能目标考核作为平时成绩，这部分占总成绩的60%；理论考试和实际操作作为期末成绩，其中理论考试占40%，实际操作考试占60%，这部分占总成绩的40%；对学生的考核评价采用阶段评价、过程评价和目标评价相结合的方式；

（3）应注重学生动手能力和分析问题、解决问题能力的考核，对在学习和应用上有创新的学生应予特别鼓励，全面综合评价学生能力。

4. 资源利用

（1）不断开发和利用课程资源和现代化教学资源，创设形象生动的工作情景，激发学生的学习兴趣，促进学生对知识的理解和掌握；同时加强课程资源的开发，建立多媒体课程资源的数据库，努力实现跨学校多媒体资源的共享，以提高课程资源利用效率；

(2) 积极开发和利用网络课程资源，充分利用电子书籍、电子期刊、数据库、数字图书馆、教育网站和电子论坛等网上信息资源，使教学从单一媒体向多种媒体转变，教学活动从信息的单向传递向双向交换转变，学生单独学习向合作学习转变；同时应积极创造条件搭建远程教学平台，扩大课程资源的交互空间；

(3) 建立本专业开放式实训中心，使之具备现场教学、实训、职业技能证书考证的功能，实现教学与实训合一、教学与培训合一、教学与考证合一，满足对学生职业能力培养的要求。

5. 本课程基本专业教学实训设备配置

序号	设备名称	功能或用途	单位	基本配置数量
1	万用表	培养学生万用表使用和数字电路的检修能力	台	25
2	数字逻辑实验箱	理实一体化教学	台	25
3	信号发生器	理实一体化教学	台	25
4	电子示波器	理实一体化教学	台	25

十二、"单片机应用技术"课程标准

（一）课程性质

单片机应用技术作为计算机技术的一个分支，广泛应用于电子、通信、家用电器、自动控制、智能化仪器仪表等各个领域，需要大量从事智能化产品开发及维护工作的人才。

对于生源为初中毕业生的中职技校学生，本课程定位为培养从事智能化产品辅助开发及维护测试的技能型人才，学习完本课程后，学生能独立完成硬件制作、软硬件联调及测试报告三类工作，对于硬件设计、软件设计不作要求。

本课程根据课程的特点和学生的实际情况以及职业教育的特点按照技能培养、技术应用、技术创新的成长轨迹，突出创新能力培养，因材施教，使他们由原来被动的学习变为主动学习，充分调动学生的积极性和主动性，激发其学习兴趣；将原有的教学模式和考核方法改为基于工作过程的教学模式和作品提交考核方法。

（二）课程目标

1. 专业能力

（1）能独立阅读工作任务书，明确产品功能，准备材料、工具和仪器完成硬件制作、软硬联调等；

（2）能识别不同的单片机芯片下载方式，选择硬件支持设备进行程序固化；

（3）能识读并制作单片机的最小系统，运用时钟电路、复位电路使得单片机运行起来；

（4）能认识单片机及其开发环境，对特定功能的程序进行参数修改；

（5）能识读单片机引脚和功能，使用I/O端口进行外围设备控制；

（6）能识读单片机的各种总线和协议（如串口通信、I^2C、CAN等），使用仪器设备进行波形测量；

（7）能识读外围设备如键盘、液晶屏、A/D和D/A芯片、步进电动机等的控制接口与性能指标；

（8）能根据单片机的硬件资源（如时钟频率、I/O端口数量、片内RAM和ROM等）进行芯片选型。

2. 方法能力

（1）单片机选用方法；

(2) 单片机外围电路总线的选用方法；

(3) 单片机程序固化方式的选用方法；

(4) 单片机最小系统模块替换方法；

(5) 单片机应用项目功能分析方法。

3. 社会能力目标

(1) 与人沟通的能力；

(2) 团队协作的能力。

(三) 课程设计思路

本课程标准通过对知识点的重新分解，将内容分成了六个主题：主题一是对单片机系统原理知识的学习，主题六是对知识的总结训练，而其他的四个主题分为学习情境和训练情境两部分。在主题二到主题四中每个学习情境都分为了若干个小项目，几个小项目又可以合为一个项目。其中学习情境设计方案如图 4 所示。

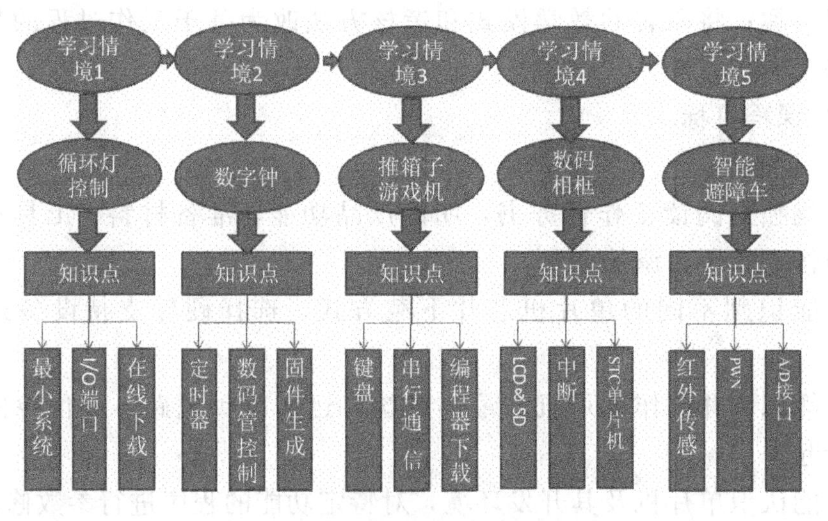

图 4　学习情境设计方案

(四) 课程内容

学习情境 1	理论学习	学时：8

职业行动领域：

要对一个单片机系统进行熟悉和编写程序，就必须非常熟悉单片机芯片的组成原理，特别是要熟悉其各个外部引脚、最小系统、时针电路、复位电路等。

续表

学习情境 1	理论学习	学时：8
学习目标： （1）了解 MCS－51 单片机的内部结构、主要功能部件和 CPU 微处理器的组成、任务分配； （2）掌握 89C51 芯片的外部引脚功能常见的几种复位电路和计算机器周期的方法； （3）开发工具的使用。		
工作与学习内容		
对象（在完成工作的过程中需要操作的设备、编写的文件、程序等）： 掌握常用编程软件的使用。	工具（完成任务需要用到的工具和设备）：单片机实验箱、计算机、投影仪。 方法：实物教学（增强感性认识）。 工作组织：理论教学加实践。	要求： 掌握 89C51 芯片的外部引脚功能常见的几种复位电路和计算机器周期的方法。

学习情境 2	单片机最小系统制作	学时：8
职业行动领域： 要对一个单片机系统进行熟悉和编写程序，就必须非常熟悉单片机芯片的组成原理，特别是要熟悉其各个外部引脚、最小系统、时针电路、复位电路等。		
学习目标： （1）熟练掌握 MCS－51 单片机的最小系统； 技能点：要会画模块的结构图； （2）能在开发环境中录入完整的程序，进行编译生成固件； 技能点：项目工程开发的流程； （3）会下载程序。		

续表

学习情境 2	单片机最小系统制作	学时：8
工作与学习内容		
对象（在完成工作的过程中需要操作的设备、编写的文件、程序等）： 读懂电路； 画流程图； 编写程序。	工具（完成任务需要用到的工具和设备）：单片机实验箱、计算机、投影仪。 方法：实物教学（增强感性认识）。 工作组织：理论教学加实践。	要求： 会使用软件下载程序。

学习情境 3	循环灯控制	学时：8
职业行动领域： 要对一个单片机系统进行熟悉和编写程序，就必须非常熟悉单片机芯片的组成原理，特别是要熟悉其各个外部引脚、最小系统、时针电路、复位电路等。		
学习目标： （1）掌握 I/O 引脚和功能； （2）掌握 ISP 编程的方式。		
工作与学习内容		
对象（在完成工作的过程中需要操作的设备、编写的文件、程序等）： 读懂电路； 画流程图； 编写程序。	工具（完成任务需要用到的工具和设备）：单片机实验箱、计算机、投影仪。 方法：实物教学（增强感性认识）。 工作组织：理论教学加实践。	要求： 掌握 I/O 引脚的初始化方法；掌握引脚输出的控制。

<table>
<tr><td>学习情境 4</td><td>数字钟</td><td>学时：9</td></tr>
<tr><td colspan="3">职业行动领域：
要对一个单片机系统进行熟悉和编写程序，就必须非常熟悉单片机芯片的组成原理，特别是要熟悉其各个外部引脚、最小系统、时针电路、复位电路等。</td></tr>
<tr><td colspan="3">学习目标：
（1）掌握定时、计数器的功能；
（2）掌握数码管控制接口；
（3）掌握 I/O 商品输入功能；
（4）掌握动态显示以及静态显示的要素。
技能点：掌握静态、动态显示的特点，以及编程原理；中断的特点与设定。</td></tr>
<tr><td colspan="3">工作与学习内容</td></tr>
<tr><td>对象（在完成工作的过程中需要操作的设备、编写的文件、程序等）：
读懂电路；
画流程图；
编写程序。</td><td>工具（完成任务需要用到的工具和设备）：单片机实验箱、计算机、投影仪。
方法：实物教学（增强感性认识）。
工作组织：理论教学加实践。</td><td>要求：
掌握定时/计数器的初始化方法；掌握定时器初值与计数器初值的计算与设定；
掌握中断源与中断服务程序的入口地址；掌握中断相关寄存器的使用方法；中断工作过程。</td></tr>
</table>

<table>
<tr><td>学习情境 5</td><td>推箱子游戏机</td><td>学时：9</td></tr>
<tr><td colspan="3">职业行动领域：
要对一个单片机系统进行熟悉和编写程序，就必须非常熟悉单片机芯片的组成原理，特别是要熟悉其各个外部引脚、最小系统、时针电路、复位电路等。</td></tr>
<tr><td colspan="3">学习目标：
（1）掌握键盘输入的原理；
（2）掌握串行通信接口与功能，实现与 PC 交互通信；
（3）掌握编程器下载程序。
技能点：能够正确使用串口与 PC 交互；中断的特点与设定。</td></tr>
<tr><td colspan="3">工作与学习内容</td></tr>
<tr><td>对象（在完成工作的过程中需要操作的设备、编写的文件、程序等）：
读懂电路；
画流程图；
编写程序。</td><td>工具（完成任务需要用到的工具和设备）：单片机实验箱、计算机、投影仪。
方法：实物教学（增强感性认识）。
工作组织：理论教学加实践。</td><td>要求：
掌握串行通信的使用；
掌握中断源与中断服务程序的入口地址；掌握中断相关寄存器的使用方法；掌握中断工作过程。</td></tr>
</table>

学习情境 6	数码相框	学时：9
职业行动领域： 要对单片机的寻址方式和指令系统有所了解，会进行地址分配，整个程序的起始地址要正确；掌握各种程序结构，能够画出系统的流程图。		
学习目标： （1）掌握 LCD 控制接口与协议； （2）掌握 SD Card 读写的控制接口与协议。		
工作与学习内容		
对象（在完成工作的过程中需要操作的设备、编写的文件、程序等）： 读懂电路； 画流程图； 编写程序。	工具（完成任务需要用到的工具和设备）：单片机实验箱、计算机、投影仪。 方法：实物教学（增强感性认识）。 工作组织：理论教学加实践。	要求： 掌握 LCD 控制方法； 掌握 SD Card 控制的方法； 掌握中断源与中断服务程序的入口地址；中断相关寄存器的使用方法；中断工作过程。

学习情境 7	智能避障车	学时：9
职业行动领域： 要对单片机的寻址方式和指令系统有所了解，会进行地址分配，整个程序的起始地址要正确；掌握各种程序结构，能够画出系统的流程图。		
学习目标： （1）使用 P0、P2 口的第二功能，扩展片外数据存储器 RAM 和片外程序存储器； （2）对红外传感进行控制； （3）对直流电机进行 PWM 控制； （4）8 位 A/D 转换芯片与单片机的接口； 技能点：能够正确选择 A/D 转换芯片，并实现其与单片机的正确连接； （5）8 位 D/A 转换芯片与单片机的接口。		
工作与学习内容		
对象（在完成工作的过程中需要操作的设备、编写的文件、程序等）： 读懂电路； 画流程图； 编写程序。	工具（完成任务需要用到的工具和设备）：单片机实验箱、计算机、投影仪。 方法：实物教学，增强感性认识。 工作组织：理论教学加实践。	要求： 掌握红外传感的方法； 掌握 PWM 测试方法； 掌握 A/D 转换的方法； 掌握 D/A 转换的方法； 掌握正确选择 A/D 和 D/A 芯片的方法。

（五）课程实施建议

序号	学习情境	工作任务		建议学时
1	学习情境1：理论学习	任务1	了解MCS－51单片机的内部结构、主要功能部件和CPU微处理器的组成、任务分配	60
2		任务2	了解MCS－51单片机的程序存储器结构，掌握内部数据存储器的空间分配和SFR	
3	学习情境2：单片机最小系统制作（单灯闪烁）	任务1	信号灯的控制1	
4		任务2	信号灯的控制2	
5		任务3	信号灯的控制3	
6	学习情境3：循环灯控制	任务1	利用P2口，用单片机内部的定时器采用查询方式，使8个发光二极管呈跑马灯方式闪烁（亮1s、灭2s）	
7		任务2	用计数器中断对按键按下的次数计数，作为跑马灯闪烁次数	
8		任务3	用外部中断对正常显示和闪烁次数设定功能进行转换	
9	学习情境4：数字钟	任务1	利用P1口低4位输出控制四位数码管的段位，P1口的高4位作为位选；静态显示低位数码管为0	
10		任务2	利用定时器动态扫描数码管，显示“0000”	
11		任务3	利用计数器进行计时，显示时和分，秒由第三位的数码管小数点闪烁表示	
12	学习情境5：推箱子游戏机	任务1	使用P1口的低4位作为输入，P1口的高4位进行发光二极管输出，一一对应控制	
13		任务2	使用串口与计算机通讯，单片机一直发送“0x88”，串口调试工具一直接收显示“0x88”	
14		任务3	使用推箱子游戏机的PC界面，进行控制	
15	学习情境6：数码相框	任务1	控制LCD屏中央处显示“珠海市高级技工学校欢迎你”	
16		任务2	往SD Card里烧录图片数据	
17		任务3	单片机控制读取SD Card里的数据，在LCD屏处进行显示	
18	学习情境7：智能避障车	任务1	红处传感信号输入	
19		任务2	直接电动机驱动，实现左转、右转、前进、后退	
20		任务3	通过传感器控制小车自动寻找路径实现避障	

(六) 教学考核

1. 过程性考核（50%）

每个学习任务完成情况进行过程性评价。

2. 综合性考核（15%）

（1）增加新技术、新器件的集成与转化；

（2）用已训练过的技术、器件集成，方式方法有创新；

（3）能实现要求的全部功能；

（4）能实现基本功能。

3. 结业性考核（35%）

（1）现场抽取项目，在五个任务中任意选取并完成适合自己的考核任务；

（2）现场回答项目中提出的问题。

(七) 课程教学保障

1. 教师要求

本课程的教学须由一定工作经验的教师担任，以保证理论知识与实际工程相衔接。

2. 学习场地、设施要求

（1）多媒体教室：多媒体教室应能保证教师播放教学课件、教学录像及图片；

（2）教学器具：应备有单片机制作的实物（或模型）等教学器具；

（3）实验设施：应具有一定数量的较为先进的实验装置（或仪器），保证实验的正常开展。

十三、“传感器应用技术”课程标准

（一）课程的性质与任务

“传感器应用技术”课程是电类及相关专业的核心课程之一，其任务是使学生了解检测系统与传感器的静、动态特性和主要性能指标，掌握常用传感器的工作原理和常见非电量参数的检测方法、检测系统中常用的信号放大电路、信号处理电路与信号转换电路等。通过对本课程的学习，培养学生利用现代电子技术、传感器技术和计算机技术解决生产实际中信息采集与处理问题的能力，为日后到相应企业就业打好良好技术基础。

（二）课程设计思路

课程设计体现以职业需求的工作过程为导向，以能力为目标，以项目任务为课程训练载体，以工学结合为平台，以学生为教学主体，理论与实践一体化的全新教学理念。本课程的教学情景真实，过程可操作，结果可检验；教学实施过程采用任务驱动的方法，以行动导向组织教学，以能力点为训练单元，理论、实际一体化地开展教学活动；学生带着任务和问题学知识、练技能，可大大地提高学生的学习效果。

课程内容体系结构上注重理论与实际相结合，教学内容实用性更强。课程由四个模块牵引：常用传感器的认知与检测、设计数字式温度计、测速计的设计、人体传感器的设计。每个模块中又包含若干个工作任务。课程内容选取的基本思路是以工作过程为导向，课程设计体现以职业需求的，以培养学生的职业能力为目标，以项目任务为课程训练载体，通过各项目任务带动一个综合项目——电子自动化控制系统，可以根据社会需求量设计出形形色色的以传感器为主体的电子产品，让每个学生都充分体验电子产品产生的全过程。

（三）本课程与其他课程的关系

前导课程：模拟电子技术、数字电子技术、单片机技术；后续课程：信号与处理电路、接口电路设计。

（四）课程基本目标

1. 知识目标

掌握测量及误差理论、传感器及信号解调等基本知识，电桥测量电路的基本特性；

掌握各种常用传感器的基本工作原理、性能特点，理解它们的工作过程，掌握它们的各种应用场合和方法；

掌握信号处理及抗干扰技术的基本知识，理解典型检测系统的工作原理，清楚各组成部分的功能及其特性。

2. 技能目标

（1）熟悉常用传感器的性能、特点、主要参数、识别与检测方法；

（2）熟练使用常用仪器仪表检测传感器的好坏；

（3）熟练掌握传感器在电路中的应用和链接方法；

（4）熟悉传感器的信号转换、采集方式及测量精度。

3. 情感目标

（1）培养学生严谨求实、刻苦认真、理论联系实际的科学态度；

（2）培养学生独立分析问题、解决问题的方法能力；

（3）培养学生小组合作、团结协作和实训作风。

（五）教学指导思想

“传感器应用技术”以培养学生能力为主要目标，以电类相关企业用人需求为出发点，以一体化教学为导向设计教学内容与教学体系，将传感器的理论知识与实践相结合，通过教学方法的改革、教学资源的建设、教师资队伍的建设和教学环境的建设进一步提升教学质量。

（六）教学内容、重难点及学时分配

1. 课程教学内容

教学内容	教学要求	重点（☆）	难点（△）	学时安排	建议课时
项目一　电子秤的设计制作	A				40
任务一　电阻器式传感器的认知		☆			
任务二　电阻式传感器的性能测试		☆			
任务三　电阻器传感器电路设计搭建					
任务四　电阻式传感器信号转换与显示		☆			
项目二　电容式物体测量与控制电路的设计	B				
任务一　电容式传感器的性能检测		☆			
任务二　信号转换电路设计		☆			
任务三　单片机程序控制电路设计		☆	△		
任务四　电路整体焊接以及调试		☆			
项目三　电感式接近开关设计制作	A				

续表

教学内容	教学要求	重点(☆)	难点(△)	学时安排	建议课时
任务一　电感器式传感器的认知		☆			40
任务二　电感式传感器的性能测试		☆			
任务三　电感器传感器电路设计搭建		☆	△		
任务四　电感式传感器信号转换与显示		☆	△		
项目四　光电式循迹小车的电路设计	A				
任务一　光电传感器的性能检测		☆			
任务二　信号转换电路设计		☆			
任务三　单片机程序控制电路设计		☆	△		
任务四　电路整体焊接以及调试		☆	△		
项目五　霍尔式转速测量电路的设计制作	A				
任务一　霍尔传感器的性能检测		☆			
任务二　信号转换电路设计		☆			
任务三　单片机程序控制电路设计		☆	△		
任务四　电路整体焊接以及调试		☆	△		
项目六　轮式机器人循迹与避障电路的设计制作	A				
任务一　整体电路功能电路的设计		☆	△		
任务二　多种传感器的联合调试		☆	△		

(教学要求：A—熟练掌握，B—掌握，C—了解；技能要求：A—熟练掌握，B—掌握，C—了解)

2. 教学要求

序号	课题	知识要求	能力要求	教学建议
1	项目一　电子秤的设计制作	测量误差理论、电阻式传感器的工作原理，应变片的型号，并进行性能测试，组成相应的测量电路	能够根据检测要求选择合理的电阻应变片型号，进行性能测试，并组成相应的测量电路	采用任务引入、“做中学、学中教”的教学模式

续表

序号	课题	知识要求	能力要求	教学建议
2	项目二　电容式物体测量与控制电路的设计	物体测量原理、物位传感器的类型、电容式物体传感器的型号	能根据被测物体的理化特性正确选择电容式物体传感器的型号，并组成合理的测量电路	采用任务引入、“做中学、学中教”的教学模式
3	项目三　电感式接近开关设计制作	电感式接近开关的结构原理、类型及型号组成、常用场合	能够根据控制要求选用合理的电感式接近开关，并组成符合控制要求的控制电路	采用任务引入、“做中学、学中教”的教学模式
4	项目四　光电式循迹小车的电路设计	光电传感器的结构原理、常用类型及其型号，组成所需测量电路进行测量或控制	能够合理选择光电传感器的类型与型号，组成所需测量电路进测量或控制	采用任务引入、“做中学、学中教”的教学模式
5	项目五　霍尔式转速测量电路的设计制作	霍尔元件的结构原理、类型及其典型应用	能够根据测量需要，结合霍尔元件特点，选择合适的型号，并能够熟悉多种应用方法	采用任务引入、“做中学、学中教”的教学模式
6	项目六　轮式机器人循迹与避障电路的设计制作	霍尔传感器的应用、光电传感器的应用，传感器的综合应用	能够完成轮式机器人的总体设计，能够用光电传感器设计器循迹模块、能够用霍尔传感器进行测量车速等	采用任务引入、“做中学、学中教”的教学模式

3. 课程组织安排说明

采用知识、理论、实践一体化，“教、学、做”一体化的教学组织方式：实践先行，老师带领学生完成任务，在完成任务过程中，讲解运用的知识及方法；完成任务后，归纳总结上升至系统的理论；最终要求学生“理解、记忆、应用”；讲练结合，互动式教学。

（七）教学方法与教学手段

1. 体验法——解决“会不会”的问题

不论是校内生产实训还是校外实习，学生都必须在生产过程中体会和锻炼基本的操作技能，解决“会不会”的问题。

2.“解剖麻雀”法——解决“懂不懂”的问题

传感器用途的掌握是一个教学过程，通过学习各种传感器的不同功能，从而掌握各种传感器的使用方法，并熟悉其他相关专业知识。

3.“师带徒”的教学方法——解决“实不实”的问题

传感器在电路中的应用对操作技能的熟练性、准确性和规范性要求较高，由于学生均为新手，平时没有经过这方面的训练，这就要求指导者与学生之间不仅是师生关系，更是师徒关系；教学中要教育学生以工人师傅为师，放下身段，虚心请教；这种方法旨在解决“实不实”的问题。

4. 任务驱动、项目导向的方法——解决“深不深”的问题

“传感器应用技术”课程采用任务驱动、项目导向的方法；通过一个个不同的任务，解决产品设计和制作过程中的各个问题，提高学生对所学知识的灵活应用能力，解决“深不深”的问题。

通过以上几种教学方法把枯燥的电子理论与实践有机结合，应用“做中学”的课堂教学模式来激发并提高学生的学习兴趣和参与教学的主动性、积极性，让学生体会动手的快乐，在“做”中领会知识的重要性。

（八）教学评价建议

教学评价的形式应多样化，必须充分考虑到每个学生素质与实际能力，将学习过程与完成任务质量相结合，在对完成任务质量作出评价外还要对学生工作态度、合作性、互助互爱精神作出评价，才能发挥评价的激励作用，提高学生的自尊心和自信心。

（1）对学生学习过程的评价（占总分30%）；

（2）各项任务完成质量的评价（占总分40%）；

（3）对理论知识评价（占总分30%）。

（九）本课程所需教学环境与教学设备配备

（1）教学环境：一体化的教室；

（2）教学设备配备：常用仪器仪表如示波器、信号发生器、毫伏表、数字万用表、稳压电源、计算机、单片机控制板、传感器（多种类）等，电教平台及实物投影仪等。

十四、“液晶电视组装与故障检修”课程标准

（一）课程的性质与任务

“液晶电视组装与故障检修”课程是电子技术应用专业的技术核心主课程。通过本课程的学习使学生深入地了解现阶段高端数字电子技术及平板电视的工作原理，熟练掌握液晶电视整机装配、测试与维修，提高学生解决电子技术难题的能力，为日后到相应企业就业打好良好技术基础。

（二）课程设计思路

课程设计体现以职业需求的工作过程为导向，以能力为目标，以项目任务为课程训练载体，以工学结合为平台，以学生为教学主体，体现理论与实践一体化的全新教学理念。本课程的教学情景真实、过程可操作、结果可检验；教学实施过程采用任务驱动的方法，以行动导向组织教学，以能力点为训练单元，理论实际一体化地开展教学活动；学生带着任务和问题学知识、练技能，可大大地提高学生的学习效果。

课程内容体系结构上注重理论与实际相结合，教学内容实用性更强。课程由七个项目牵引：液晶电视整机装配、液晶电视电源电路异常故障的检修、液晶面板异常故障的检修、液晶面板驱动电路异常故障的检修、高压板异常故障的检修、控制电路异常故障的检修、液晶面板驱动程序烧录软件应用；每个项目中又包含若干个工作任务。课程内容选取的基本思路是以工作过程为导向，课程设计体现以职业需求的，以培养学生的职业能力为目标，以项目任务为课程训练载体，通过各项目任务带动一个综合项目——液晶电视的组装与检修的完成，充分感受电子产品生产的全过程。

（三）本课程与其他课程的关系

前导课程：数字电路基础、模拟电路基础、电视机原理、单片机技术；后续课程：数码摄像机原理。

（四）课程基本目标

1. 知识目标

（1）了解现代数字视听新技术——MP3、MP4、数字摄录机、数字电视广播等；

（2）熟悉液晶电视整机工作原理；

（3）掌握液晶面板、驱动板、高压板（升压板）、电源板接口定义。

2. 技能目标

（1）熟练掌握液晶电视整机装配；

（2）能熟练运用仪器对液晶电视进行检测；

（3）熟练掌握液晶电视整机检修；

（4）懂得液晶电视主要部件替换技术——液晶面板、驱动板、高压板、电源板。

3. 情感目标

（1）培养学生严谨求实、刻苦认真、理论联系实际的科学态度；

（2）培养学生独立分析问题、解决问题的方法能力；

（3）培养学生小组合作、团结协作和实训作风。

（五）教学指导思想

“液晶电视组装与故障检修”以培养学生能力为主要目标，以液晶电视生产企业用人需求为出发点，以一体化教学为导向设计教学内容与教学体系，将数字技术与液晶电视原理理论知识与生产实践相结合，通过实施一体化教学的改革、教学资源的建设、教师资队伍的建设和教学环境的建设进一步提升教学质量。

（六）教学内容、重难点及学时分配

1. 课程教学内容

教学内容	教学要求	重点（☆）	难点（△）	学时安排	建议课时
项目一　液晶电视整机装配					60
任务一　液晶电视整机接线装配	A	☆	△		
任务二　学习液晶电视整机原理	A	☆	△		
项目二　液晶电视电源电路异常故障的检修					
任务一　学习分析液晶电视电源电路	A	☆			
任务二　根据实物画出电源电路图	A	☆			
任务三　电源电路元器件识别并使用在路测量法测量	C	☆			
任务四　测量液晶电视电源工作电压	B				
任务五　液晶电视电源接口定义与电源模拟故障检修	A	☆	△		
项目三　液晶面板异常故障的检修					
任务一　学习液晶面板工作原理	C		△		
任务二　学习液晶面板接口定义	A	☆	△		
任务三　学习液晶面板种类、测量与代换	A	☆			
任务四　液晶面板模拟故障检修	A	☆			

续表

教学内容	教学要求	重点（☆）	难点（△）	学时安排	建议课时
项目四　液晶面板驱动电路异常故障的检修					60
任务一　学习液晶面板驱动电路原理	B		△		
任务二　液晶驱动板信号与电压的测量	B				
任务三　学习液晶面板驱动板种类、接口定义与代换	A	☆			
任务四　液晶驱动板模拟故障检修	A	☆			
项目五　高压板异常故障的检修					
任务一　学习高压板电路原理	B		△		
任务二　高压板信号与电压的测量	C				
任务三　学习高压板种类、接口定义与代换	A	☆			
任务四　高压板模拟故障检修与灯管更换	A	☆			
项目六　控制电路异常故障的检修					
任务一　学习按键板与遥控原理	B				
任务二　按键板、遥控接收头连接方法	A	☆			
任务三　按键板、遥控模拟故障检修	A	☆			
项目七　液晶面板驱动程序烧录软件应用					
任务一　液晶面板程序烧录软件的安装	A	☆			
任务二　液晶面板程序烧录	A	☆			
任务三　常见程序故障分析	A		△		

（教学要求：A—熟练掌握，B—掌握，C—了解；技能要求：A—熟练掌握，B—掌握，C—了解）

2. 教学要求

序号	课题	知识要求	能力要求	教学建议
1	项目一 液晶电视整机装配	掌握液晶电视整机原理	学会液晶电视各部件连接及整机装配，并能达到规定工艺要求	采用任务引入、“做中学、学中教”的教学模式，还使用实物参照式教学与同学相互学习互动式教学

续表

序号	课题	知识要求	能力要求	教学建议
2	项目二 液晶电视电源电路异常故障的检修	掌握开关电源工作原理	懂得液晶电视电源测量、检修与代换	采用任务引入、“做中学、学中教”的教学模式，还使用学生分组讨论学习互动式教学
3	项目三 液晶面板异常故障的检修	掌握液晶面板工作原理	熟悉液晶面板接口定义并要学会与主板连接，懂得液晶面板故障检测与更换	采用任务引入、“做中学、学中教”的教学模式，还使用学生分组讨论学习互动式教学
4	项目四 液晶面板驱动电路异常故障的检修	掌握液晶面板驱动电路工作原理	熟悉液晶驱动板各接口定义并要学会与其他部件连接，懂得液晶驱动板工作原理，故障检测与更换，懂得用示波器测量各信号波型	采用任务引入、“做中学、学中教”的教学模式，还使用学生分组讨论学习互动式教学
5	项目五 高压板异常故障的检修	掌握灯管驱动电路工作原理	熟悉高压板接口定义并要学会与其他部件连接，懂得高压板故障检测与更换	采用任务引入、“做中学、学中教”的教学模式，还使用学生分组讨论学习互动式教学
6	项目六 控制电路异常故障的检修	掌握按键板与遥控工作原理	熟悉按键板接口定义并要学会与其他部件连接，懂得按键板与遥控故障检测与更换	采用任务引入、“做中学、学中教”的教学模式，还使用学生分组讨论学习互动式教学
7	项目七 液晶面板驱动程序烧录软件应用	掌握液晶面板驱动程序原理	熟悉液晶面板驱动程序烧录软件安装与液晶面板驱动程序烧录	采用任务引入、“做中学、学中教”的教学模式，还使用学生分组讨论学习互动式教学

3. 课程组织安排说明

采用知识、理论、实践一体化，“教、学、做”一体化的教学组织方式：实践先行，老师带领学生完成任务，在完成任务过程中，讲解运用的知识及方法；完成任务后，归纳总结上升至系统的理论；最终要求学生“理解、记忆、应用”；讲练结合，互动式教学。

（七）教学方法与教学手段

从本课程的教学特点出发，从激发学生的学习兴趣和强烈的求知欲开始，将理论知识与实践相结合，把液晶电视原理的理论知识与液晶电视装配、测量、维修结合为一体，在实操过程中加入相关原理知识教学，并确定课程名称为“液晶电视组装与故障检修一体化教学”，把理论书本的章节“单元化”，即以每个单元电路为依托，把枯燥的电子理论与实践有机结合，应用“做中学”的课堂教学模式来激发并提高学生的学习兴趣和参与教学的主动性、积极性，让学生体会动手的快乐，在“做”中领会知识的重要性，并且把液晶电视生产企业的高端生产技术、先进企业文化融入到教学中去，实现“工学结合”的教学目标。

（八）教学评价

教学评价的形式应多样化，必须充分考虑到每个学生素质与实际能力，将学习过程与完成任务质量相结合，在对完成任务质量作出评价外还要对学生工作态度、合作性、互助互爱精神作出评价，才能发挥评价的激励作用，提高学生的自尊心和自信心。

（1）对学生学习过程的评价（占总分30%）。

（2）各项任务完成质量的评价（占总分40%）。

（3）对理论知识评价（占总分30%）。

（九）本课程所需教学环境与教学设备配备

（1）教学环境：一体化的教室；

（2）教学设备配备：常用仪器仪表如示波器、信号发生器、毫伏表、稳压电源等，电烙铁等焊接工具每位同学一套，电教平台及实物投影仪，液晶电视套件等。